人类学讲堂

TEACHING ANTHROPOLOGY

第六辑

潘　蛟　主编

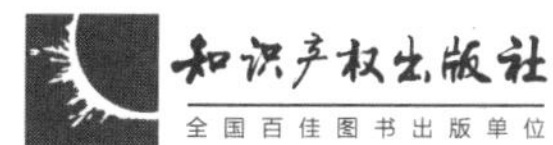

图书在版编目(CIP)数据

人类学讲堂. 第六辑/潘蛟主编. —北京:知识产权出版社，2017. 3

ISBN 978 - 7 - 5130 - 4773 - 9

Ⅰ. ①人… Ⅱ. ①潘… Ⅲ. ①人类学—文集 Ⅳ. ①Q98 - 53

中国版本图书馆 CIP 数据核字(2017)第 033341 号

责任编辑:石红华　　**责任出版**:刘译文

封面设计:张　冀　　**责任校对**:潘凤越

人类学讲堂(第六辑)

潘　蛟　主编

出版发行:知识产权出版社有限责任公司	**网　　址**:http://www. ipph. cn
社　　址:北京市海淀区西外太平庄 55 号	**邮　　编**:100081
责编电话:010 - 82000860 转 8130	**责编邮箱**:shihonghua@ sina. com
发行电话:010 - 82000860 转 8101/8102	**发行传真**:010 - 82000893/82005070/82000270
印　　刷:三河市国英印务有限公司	**经　　销**:各大网上书店、新华书店及相关专业书店
开　　本:787mm × 1092mm　1/16	**印　　张**:12. 5
版　　次:2017 年 3 月第 1 版	**印　　次**:2017 年 3 月第 1 次印刷
字　　数:205 千字	**定　　价**:38. 00 元

ISBN 978 -7 -5130 -4773 -9

前　言

这个文集中的文章来自中央民族大学民族学与社会学学院（下称“民社院”）的“人类学前沿及进展”系列讲座。这个讲座创于2009年秋季学期，经费最初来自北京市“科学研究与研究生教育—学科建设与研究生培养项目—重点学科人类学”项目，以及民社院研究生学术活动经费。如今，北京市教委的资助仍在，中央民族大学“985工程”重点学科建设项目和“民族学人类学理论和方法研究中心”也把这个讲座列入了资助重点。

“人类学前沿及进展”讲座旨在邀请国内各高校和科研机构的人类学或与相关各科学者前来我校发表他们最近取得的研究进展或正准备进行的研究计划，我们希望由此能为中国人类学研究进展的发布和思想的交流构建一个重要平台。

受邀前来讲演的专家学者均来自校外，此举当然是意在以有限的经费诚邀天下精英为我校培养人材，让我校学生一睹各路专家的风采，领略各校专家的讲学风格。同时，通过听讲、提问、讨论、茶歇、聚餐等互动，也为校外专家学者了解我校的人类学传统和现有的学生、教员的知识关切创造了机会。

这个讲座自一开始是对我校人类学专业博士生一年级和硕士生二年级学生开设的必修课程。这样做之所以必要，是因为我们觉得，再快的专著或期刊出版都会滞后于学者实际的所做和所思，通过这个讲座能让学生接触到尚未出版发行，今后会出版发行，甚或今后不会出版发行的成果和思想，由此不仅能尽快把学生带进学术前沿，而且能让他们对于学术成果和思想的成熟过程有所了解，因此我们把这个讲座看作了比一些常规系统课程更为高端和重要的研究生训练必修课程。

此讲座虽是人类学专业研究生的必修课程，但却是对校内外开放的，以致更多的听众来自于校内其他专业，其中既有学生也有教员。把这讲座当作课程来修的本校研究生其实不过三四十人,但我们却必须设法把民大文华楼一层那个能容三百多人的报告厅抢订下来,免得听众来了没座位。学校相关管理部门倒也是很给面子,一学期十多场讲演下来,这个报告厅至多也不过是一二场没让我们预订上罢了。然而,即便如此,这个讲座仍有爆棚的时候,报告厅通道上的阶梯全被坐满,有的围坐到了讲台周围,有的甚至在厅尾和厅边缘一直站着听。记得 James Scott 就曾遭遇过此况,以致他感叹从未料到自己也会像明星一样受到如此热捧。被民大师生对人类学知识热情所感动的中外学者,远不止 James Scott 一位,很多学者因此把民大的这个报告厅当作了人气最旺的人类学讲场,而这也正是我们的期望。

当然,讲座是否爆棚主要取决于讲演者人气的高低,但的确也有不少人类学讲演者是在民大确认了自己的人气竟是如此之高。这个讲座被安排在秋季学期的每个周五晚上 7 ~ 10 点,其中两小时用于讲演,一个小时用于提问和讨论。与此讲座竞争听众的不仅有校内其他院系开设的讲座,而且还有文华楼斜对面广场上的周末露天舞会。但是,这个露天舞会并没有抢走多少听众,反倒是此讲座散场时涌出的人流让广场上的舞会显得有些寂寥。

民大学生喜欢这个讲座,他们常常相互打听周末谁会来讲演。以致有人戏称,“倘没有这个讲座,周末学生们都不知该干什么”。判定民大人为什么会对人类学有如此高的热情,这可能是一件容易惹麻烦的事情,但我还是想说,这可能是因为民大师生很关心人类学对于人类多样性所做的探讨,更喜欢这个学科因此生成的对待人类多样性的态度。

这个讲座的成功得益于民族学与社会学学院众多教员的积极参与。他们与学生一起在座听讲,创造出了一种难得的师生同堂受业,相互砥砺、切磋学问的感人氛围。教员们在场评议和提问有助于学生印证自己对于讲演的理解,也激发了学生的思考和提问,活跃和深化了对于讲演的讨论和理解,而通过学生们的提问和讨论,讲演人和在场的教员对他们也有了更多的理解。

这个集子中的文稿绝大多数是根据讲演录音整理而成,其中大多数文稿经过讲演人的审阅校订。少数文稿未经讲演人审阅,原因是他们太忙,没能按期交回审阅稿。但这也正是我所担心的,我怕他们大改录音稿,添加了许多学生们在讲座中不曾听到的东西,以致讲座上的评议、提问和讨论互动失去了根据。因此,我没有坚持去催稿。此文集中的一些稿子,后来被讲演人经过加工完善后投放到了其他一些刊物和专著中去发表，这并不是我顾忌的，因为通过这个文集，我想反映的除了这些作者的起初成果和思想之外，而且还有这些作者当时与民大师生的教学互动。为此，除了因没能收集到更为完整精细的加注讲稿而觉得有些遗憾之外，我也还心怀侥幸地以为，这些作者或许还是喜欢以这种方式发表其讲稿的，因为这毕竟较为完整地记录了他们当初的讲演，及其引来的评议、提问和讨论，较为充分地反映了他们讲演时与听众发生互动的真实场景。

最后，我想说的是：谢谢我校民社院的各位领导！没有你们在资金和人事安排上的大力支持，这个讲座将难以为继。谢谢我校民社院研究生会的各位同学！没有你们提供的组织支持和讲演录音整理，办成这个讲座和编成这个文集将十分艰难。谢谢周末前来参加这个讲座的所有师生！没有你们在场，这个讲座将毫无意义！

目 录

民族与边疆

中国"边疆"与少数民族地区治理逻辑 …… 3

主讲人:范可(南京大学社会学系教授)

衍生话语:"自治"与民国时期边疆精英分子的主体性 …… 18

主讲人:彭文斌(加拿大英属哥伦比亚大学(UBC)亚洲研究所(IAR)特聘研究员)

佐米亚,斯科特及部族:对于历史之位选择的批判性思考 …… 32

主讲人:王富文(Nicholas Tapp,华东师范大学社会学系教授)

韩国人的离散与跨国民族主义 …… 40

主讲人:尹仁镇(韩国高丽大学社会学系教授、主任)

信仰与习俗

宗教的传播与习得:从认知与感官人类学入手 …… 57

主讲人:杨德睿(南京大学社会学系副教授)

伊斯兰复兴与社会重建——后海啸/后冲突的印尼亚齐 …… 65

主讲人:麦克·费勒(新加坡国立大学(NUS)亚洲研究院(ARI)宗教与全球化研究中心主任)

福建惠东女长住娘家习俗成因新解 …………………………………………… 78
主讲人:石奕龙(厦门大学人类研究所教授)

中国乡村人类学的研究路径探讨 ……………………………………………… 90
主讲人:庄孔韶(浙江大学讲座教授、人类学研究所所长)

文化亲密性与有担当的人类学:对《逐离永恒》一书的思考 ………………… 97
主讲人:刘珩(首都师范大学外国语学院教授)

弗郎索瓦－于连的中国镜像与儒学的困境:没有历史研究为基础的
思想史研究如何可能? …………………………………………………… 118
主讲人:靳大成(中国社会科学院文学研究所研究员)

文化与发展

发展人类学视角下的川滇泸沽湖地区摩梭人文化生态旅游发展………… 133
主讲人:陈刚(云南财经大学经济研究院教授)

援助与发展——以西藏新疆为例…………………………………………… 152
主讲人:靳薇(中央党校教授)

车景车境:一个中部"四线"城市的生计生态 ………………………………… 176
主讲人:邵京(南京大学社会学院社会人类学研究所教授)

排他与兼容:当代蒙陕交界处敖包祭祀 ……………………………………… 184
主讲人:乌恩(内蒙古社会主义学院副院长,教授)

民族与边疆

▶中国“边疆”与少数民族地区治理逻辑

▶衍生话语：“自治”与民国时期边疆精英分子的主体性

▶佐米亚，斯科特及部族：对于历史之位选择的批判性思考

▶朝鲜人的离散与跨国民族主义

中国“边疆”与少数民族地区治理逻辑

主讲人:范可(南京大学社会学系教授)

主持人:包智明(中央民族大学世界民族学人类学研究中心教授)

评议人:张海洋(中央民族大学民族学与社会学学院教授)

谢谢大家能够有时间过来这里听我讲些东西,我觉得主要是提供我自己的一些想法。我今天讲的这个题目是边疆与民族地区治理,这个是我不久前参加的在大连召开的中国人类学民族学研究会年会上所做的主题演讲。原来在另外一个版本里我有一些改动,今天暂且用这个版本来说。

边疆现在是咱们国家一个非常重视的问题,在这时候我们可以从一些关键词的角度来做一些思考。我认为如何理解边疆可能会导致决策者们方略的方向,在这里我主要是从福柯的“治理术”的角度来看这个问题。福柯的知识考古学是比较有意思的,他的结构主义会使我们洞察到一些问题的实质。另外,现在大家都一致同意的观念对我们的行为实际上是影响非常大的。我们的观念主要是跟我们的认知是有关系的,我们的认知本质上就是由无数的分类所构成的。那我们怎样来分类?一些事实证明有些认知其实是天生就有的,当然这是另外的一回事。但是我讲的就是说我们对少数民族还有边疆地区的认识是我们后天所习得的,在通过中央一系列的关于少数民族知识建构这一过程当中,我们了解到边疆的一个概念。这个边疆的概念跟其他国家、其他文化里面的一些边疆的概念是不太一样的。我觉得对边疆这个概念的不同理解,导致我们政府在决策上面的一些取向。这个是我的最基本的一些想法。

我讲的主要有几个部分:引言、边疆、民族、治理,还有一个结论。因为是开会,所以也戴个帽子,就是习近平到哈萨克斯坦和印尼提“丝绸之路”引起国际社会的广泛关注,戴了这个帽子。不过,也确实是真的有道理。如果他真的有这种雄心的话,他就真的不得不考虑中国所谓的边疆问题。习近平在这两次场合提“丝绸之路”这个概念,引起了国际社会的广泛关注。有关方面也就提出了关于建设“新丝绸之路”经济带的构想,表达中国与国际社会共存共荣、和平发展的良好愿望。对此,国际社会与我国民众均乐观其成。

但是,我们应该看到,这一地区,就是他提出的关于“丝绸之路”经济带的地区,它实际上是国际恐怖主义组织的重要活动区域。我们知道“新丝绸之路”经济带在国际范围内包括了中亚、西亚的很多地区,而这些地方我们看到都是恐怖主义的一些基地在那边。中国的情形也不容乐观,新疆持续出现规模不等的暴力恐怖事件就是证明。我们为什么后来称之为“暴恐事件”?当然一开始是把它称为“恐怖主义行动”的,这个是与我们政府当时对恐怖主义的理解不太一样有关。恐怖主义,什么是恐怖主义?在国际上它有一个公认的定义,就是说它必须是不使用冷兵器,造成大规模死伤的,以平民为目标的袭击。恐怖主义为什么袭击平民?当然是平民处在一种所谓的弱势地位,它袭击军事目标和政府部门对他们来讲是很困难的,所以他们就以平民作为袭击的目标。其主要的目的是要制造一种轰动效应,这个普林斯顿大学一位专门研究伊斯兰的学者在《纽约客》上面写了一篇雅俗共赏的文章,对这个有非常生动的讨论。国际社会第一次把新疆发生的事情定义为恐怖主义就是那次对新疆菜场的袭击,从那个时候开始才把这种特定的、具体的、就事论事的事情当做恐怖主义袭击,其他的它不当做恐怖主义。但是我们后来也改口了,所以大家注意到我们现在叫暴力恐怖事件,跟恐怖主义还是做了一定的切割。

在新疆,我们知道在公共空间里,宗教保守势力上升,这个是我们自己所讲。实际上如果按照 James Duke 那种想法,它代表着一种弱者的反抗,对我们政府的维稳政策以及对新疆这种特别的监控、控制、压制所做出的一种反应。在公共空间里,宗教保守力量上升,这就不能不令我们联想到人类学曾经讨论过的“振兴运动”,这类运动之所以在一些社会兴起,乃在于这些社会的民众相信自身文化生存受到威胁,从而以复归传统来保证文化的恒久性和认同的生命力。所以我们注意到最近新疆的维吾尔族,出现了一些男人留着胡子,女人穿上罩袍、戴上面纱的情形,它实际上表达的是一种反抗的情绪,是对政权里的一些措施表达一种不满。所以,在这一地区建设“新丝绸之路”经济带无法回避“边疆”问题以及民族问题。如何处理这类问题关系到这一设想能否顺利实施。鉴于此，我们有必要就"边疆"问题进行更为深入的探讨。

我演讲的问题是，当把特定的地区定义为"边疆"时，因这种定义所产生的观念，在多大的程度上会制约决策者对这类地区的想象以及由此而导致的政治实践。把"边疆"与民族并置在一起的政治关怀，是我国所独有的，其他国家虽然存在着形形色色的族群或种族问题，但少有将之与"边疆"联系在一起的。但这里还有一个现实问题，咱们的少数民族很多都是生活在所谓的边疆地区，那从认知人类学的视角来看，我们对自身和外界的认知是由许多分类所构成的，在这些分类的基础上形成观念，我们的日常实践则使观念得以表达，这也是象征人类学的基本理念。因此，作为概念的集合，观念对于实践的行为取向有至关重要的作用。那如果从观念形成途径入手，我们将会体察到，目前"边疆"这一概念所产生的特定意涵，它实际上是与"边疆"这个词被建构出来是有关系的，而如何理解"边疆"甚至可以影响治理者最初的策略导向。"边疆"在中国的语境里已经衍生出特别的意涵，对其不加剖析地任意使用无助于我们认识真正意义上的"边疆问题"——因预设为"边疆"而"边疆化"所带来的治理问题。

我这里是把"边疆"作为一个隐喻来使用了，那在国内的许多表述里，"边疆"已然与另一个重要概念——民族难以分开，二者在隐喻的意义上甚至可以相互替代。二者在分类、并置、互构、互动的过程中所产生的意义与造成的紧张，给国家在特定边疆地区的治理实践不断带来事与愿违的后果。换言之，长期以来对"边疆"的理解造就了某些地区治理上的困境。当然，新疆是一个最典型的区域。这里我们先简单讨论一下"边疆"在中国古代里的一些表达。"边疆"在中国古籍里最早可能见于《左传》，唐代出现了大量描写边陲生活的"边塞诗"。中古时期的中土是不同文化频繁接触的空间，把文化接触之地称为边疆，符合今天有关边疆的一些看法，但那时的边塞防务不是行使主权。中国历史上帝王的"天下观"与疆域观念有关，边疆是为边远的疆域，有边疆无边界，所以传统国家转变为现代国家的标志就是边疆变成了边界，确立领土主权；前现代时期的边疆其实是允许与外族或者其他政权分享的地域。就是说在前现代时期，边疆是有的，但那个好像是没有一个具体主权的位置，所以各个政权都可以在那个地方分享。

残存的存在恰恰证明我们国家的古代是没有边界的概念的,没有主权的观念。长城无非是游牧民族南下的时候,人们缩到长城里面把门关起来。那按照以前的讲法,游牧民族跟农业民族是一个共生的关系,这在世界上的很多地方都得到了证明。两种文化必须互相交换自己的一些产品,互通有无。当气候变化的时候,往往会造成游牧民族向农业民族发动战争,这个是很自然的一个现象。我们可以看到,长城的存在实际上说明在过去它是没有主权这个观念的,在英文的语境里,边疆是人文未及的区域。你要是问美国人,“你们还有边疆吗?”他们想了半天,说我们有一个最后的边疆,就是阿拉斯加。那阿拉斯加为什么被他们定义为边疆?并不是因为主权问题,而是因为阿拉斯加那个地方广袤的区域是没有人烟、没有文化、没有文明的迹象的一个地方。特纳是美国边疆学研究的一个奠基人,他认为边疆从有到无的过程解释了美国的历史进程。我们知道,美国原来是有边疆的,你们如果看过西部电影就知道,在它那个非常粗粝的西部风光里,好像法律都没有办法控制这个地方,所以有本书叫做《桀骜不驯的边疆》。那个是文明未至的场域,在那个地方没有法律,是无法无天的一个区域。大家如果看西部片,特别多的描写这个地方。随着西部的开发,美国人往西边迁徙,渐渐地他们就认为边疆没有了。这当然是站在美国人的盎格鲁撒克逊——白人清教徒的立场上来讲,所以他们忽视了以后由雷德菲尔德提出的一个概念,边疆它不是一个人烟罕至的地方,而是文化接触之地。这个是非常有道理的。

在中国古代对边疆的讨论基本上更多地是考虑到这一点。有名的中国边疆研究专家拉铁摩尔在他那本有名的《中国的内陆边疆》的开篇便指出,中国内陆这片广袤土地,包括满洲里、蒙古、新疆(他称中国的土耳其斯坦)以及西藏,是世界上最不为人所知的边疆之一。所以这里我们可以看到,他首先承认这些地方是属于中国的,在中国内陆,但它又是世界最不为人所知的边疆,它不仅仅是中国的边疆也是世界的边疆。所以,这里他带有一种以西方文明为中心的一种偏见,把这个西方文明没有达到、没有影响到的地方称之为边疆。从这里来看,在西方特别在美国英语里,边疆是跟主权是完全没有关系的一种区域。所以边疆是边远之地,文化接触之地,领土主权在它的释义里居于次要的地位。这是拉铁摩尔的一个考虑。那中国的边疆——疆域,现在更多地传递着属地、领土的信息。边与疆两个字的结合更多地强调了领土主权的意涵,尤其在国家与边疆有关的政治宣传里,"军民团结保边疆""民族团结保边疆""保卫边疆,建设边疆"以及"骏马奔驰保边疆"这类口号和歌曲比比皆是;有关边疆的各类文艺作品也都摆脱不了与领土和国家主权有关的主题。不要小看宣传的作用,人们的认知在许多方面就是被一些耳熟能详的话语所形塑的。

在这里谈一下民族,边疆与民族的结合成为领土主权的象征是从民国时期开始的。在"中华民族是一个"的争论中,"边疆"是"民族国家"的"边疆"——也就是主权的象征,生活其上的少数民族也就成为"边民",成为"同化"的对象。中国的"边疆"从那时起在含义上也就有了与西文里的边疆不同的指向。民族与边疆的相互隐喻与互构也与中国民族的基本形貌有关。许多有关边疆的记述与研究总是与少数族群的在场联系在一起,受其影响,执政者就有了本质上同化少数民族的所谓"边政建设"。边民,成了少数民族的代称。

总的来说,国家对少数民族的政策总体上是治理,在更为边疆的地区,国家除了治理之外,还进行控制。这表明,主权在这些地区才是国家的重中之重,如何对待生活在这些地区的少数民族在统治方略中处于从属的地位。这种状况所造成的紧张源于现代国家治理术与前现代国家的统治术互为使用所产生的矛盾。福柯有关治理术的洞见有助于我们理解为什么我国现行"边疆治理"政策实际存在着内在紧张,从而帮助我们理解为什么这些年来暴力恐怖事件不断发生。

福柯的治理术,我们这里要稍微地介绍一下。福柯认为,16世纪的欧洲社会处于两个巨变过程的交叉路口:封建结构的崩溃和宗教改革。前者引领了建立在领土主权之上进行管理的国家,后者同时也带来反宗教改革。这就引发了这么个问题:如何在现世对个人进行精神上的规训和引导,以实现最终救赎。正是在这样的关口,产生了诸如如何进行统治、由谁来统治、通过什么方式进行统治、应该严格到什么程度、何为统治的目的这类问题。

这类关于政府的讨论表明,当时有关如何进行政治统治的想法或者观念发生了变化,亦即从君主式的权力观念向一种统领艺术的转变。福柯通过分析马基雅维利的《君主论》来探索这一变化。根据马基雅维利的想法,君主统治的主要目的就是保护和加强自己的公国或者领地。构成公国或者领地的并非仅仅是领土和臣民,而是君主与他通过继承或者其他形式获得而拥有的领土和臣民的关系。在此,领土是第一位的,生活在土地上的臣民其次。换言之,在马基雅维利的君主国里,领土是最为基本的构成要素,其他不过是些次要的变量。治理术观与《君主论》中的君主概念上的权力有着明显的不同。一个最大的不同是,当主权行使于民众所生活的领土上时,政府的作用在于处理人与物间的复杂关系,这些包括福利、资源、生计方式、气候、水利、生育率,凡此种种。而人们则必须涉及其他东西,如风俗、习性、行动与思考的方式,等等。在此,领土已经成为次要的了,真正重要的是人与物如何结合的问题。这一结合成为了政府最基本的目标。

因此,就有了第二个重要差别。既然主权的根本目的是公益(common good),那政府的目标便是有效和创造性地进行物的配置。对政府而言,这意味着,统治民众除了法律之外,还必须通过设立一个合适的目的来对物进行管辖来实现。政府必须确认在其治理下能给国家公民带来尽可能高质量的财富,能为民众提供足够的生计资源,以及增长人口。所谓物的配置其实不外乎就是合宜地处理财富和资源、生活模式与居住,以及其他可能降临在人们身上的现实问题,如突发事件、流行病、死亡等等。对现代政府而言,意义最为重要的不是领土,不是法律,而是如何以正确和高效的方式来管理人和物。因此,我们可以对所谓治理术作如是理解,即通过一整套理性的手段,政府试图让被治理者相信,政府的意志就是为了让被治理者能有好的生活。

从这个视角来看我国解决民族问题的实践,可以发现,在许多地区,也就是前面谈到的,越是边疆地区,人与物之间的合理配置并不是第一要素,最重要的是领土主权。再以新疆为例,国家对领土的关注与居住在那上面的穆斯林民族分不开。正因为那上面居住着大量对"我"而言的"文化他者",国家才会有这样的担忧。国家之所以关注当地的穆斯林各民族,其中心关怀依然在于领土,而对于主权的简单理解则决定了对当地主要的非汉民族的治理,从属于对领土的管控。

有学者认为,香港也许是中国族群融合最好的城市之一。请注意,这里的融合不是指一个族群必须融入主流族群这样的意思。恰恰相反,其所指的恰恰是各族群能最大程度地保留自己的信仰、生活方式,以及其他传统文化,所呈现的是一种和而不同的状态。香港的规模当然很小,但人口密度远超新疆,所以并非完全无法与新疆等地相提并论。即便不承认香港与其他地方的可比性,我们仍然可以以小见大——如果相信人同此心的话。因此,在治理新疆的问题上决策者必须要同被治理者建立互信。

由于对主权的简单理解,致使在特定的民族地区之间的治理实践与国家对当地的首要关怀之间存在着紧张,这直接影响到了民族区域自治的效果。这里,仅是从治理逻辑的角度来谈的,如果涉及具体的人与物的配置的话,那问题就更多了。

那我的结论是,建设“新丝绸之路”经济带需要诸多条件,对于边疆需要重新思考。导致新疆目前这种不和谐状况的原因可能从治疆决策之日就已经埋下伏笔。由于在新疆的治理上,国家把领土主权置于头等重要的位置,这对于当地少数民族而言,就不再是纯粹的治理。换言之,在这里,治理必须从属于管控。在这样的语境下,国家的在场可以不需要“倾听”那些来自被治理者的声音,“国家利益高于一切”成为当地管控上的最高原则。在这样的原则下,被治理者的内心世界和他们的想法可以被罔顾。边疆的概念和民族结合在一起,构成一种独特的处理民族问题的方式,表明了国家在特定民族地区恩威并用,即管控与治理相结合的方式,反映了国家对领土主权的关心超过对生活于其上的民族的关怀,这是在一些民族地区一直存在紧张的制度性原因。

我讲的就到这里,谢谢大家!

评议和讨论

张海洋:范可老师已经把他基本的观点呈现出来,就是结合着中国边疆的话语还有目前治理的困境,然后把它用福柯、国际法学的知识做一个结合,当然重点是在福柯对于现代国家的权力建构机制的分析和解构上面。

我觉得是这样:首先它需要一种简单的诠释,这一点我会给范可老师做一个注脚,但是跟范可老师还是会有一些商榷。比如说辛亥革命以来民国、共和国这种建立等,我觉得基本上可以说得通,但是落掉了一个很大的环节就是这里面有了一个共产党。

共产党曾经有过跟这套不很相同的话语,比如说如果讲威尔逊,如果讲列宁,讲民族自决,早期共产党主张的联邦制,后来的民族区域自治,这一套的话语知识基本上没有加入进来,如果加入进来,他会对于这个结局有一个不同的思考。也就是说,可以提供两种选择。目前,这个讲座实际上是一种选择。就是困境反正是在那里了,有点到底怎么拐出来,国家反正就是这么一种东西,然后老百姓就会有对边疆、民族有那样一种需求,结果就在这里面锁死了。但是如果共产党还是共产党,新中国还是有民族区域自治,而民族区域自治如果在坚持和完善的情况下,它可能会给这个问题的解决提供一个本土化的阐释,它会有不同。

我简单地说一下我的思路。首先因为范可老师提的是整个中国,中国实际上它有一个自己的国情和格局,这个格局是中国它有东亚的一部分,也就是沿海的那一条,这个跟越南、日本、韩国有相似性。在中国内部,国家分为东部、中部、西部,东部叫老工业振兴,中部是崛起,西部是开发。通过这套话语你能知道,当说东北的时候用的是振兴,这是一个不及物动词(即干这件事的就是他自己);中部的崛起也是一个不及物动词;但西部用的就是开发,这个就是一个及物动词了(即主体和客体不是一个东西,如果是一个东西,为什么不说西部崛起呢)。这套话语从西部大开发时就已经种下了,现在仍没有克服。

那么,从知识背景理解中国内部的东亚性和内亚性,也有人画了一个范围叫中央欧亚,也就是说不知道东边应该从什么地方开始画,他一直就要画到中东欧的地方,然后大西洋沿岸,那就是另一个极端。中部这块地方他说有相似性,这也有道理。比如谈及乌克兰总是说从中东一直到中国的中西部。那么中国的这条线在哪里,我自己也不是太确定。但是我比较推荐长城跟长征路线,大家可以想一下,也许更古的时候还可以更往东,比如说太行山这条线往南拉可能东边勉强可以算是东部,其他地方算中部或西部。关于格局就先说到这儿,因为中国就是这样。

大家都知道俄罗斯的国徽是双头鹰,等于说一个脑袋住在这边,一个脑袋住在那边。中国在这一点上,实际也有相似性。这个相似性就是在中国边疆危机的时候呈现出来的海防还是塞防?现在说“新丝绸之路”实际上是说一个丝绸海陆。一个陆路的丝路也仍然是一个海防和一个塞防的问题,而且有比较大的关联。就是我们在海的这方面无论如何是被中日的关系还有美国重返亚太这个战略稍微有点锁死,就是说在东面不是很可为,除非我们在台湾这个事情上有一点好的解决,但是台湾这个事总归也是没有找到很好的解决路径。还有不把民国的海军算成海防的力量的情况下,那么胜算比较小,因此往西空间就大一些,因为美国在那个地方确实是在往后衰退,我觉得这个地理的格局是那样。

然后就是辛亥革命,我觉得是理解这个事情的一个关键点。因为如果没有辛亥革命的话,中国实际上它会进到君宪国家,在君宪国家的情况下可以比较好地容纳这种异质性。也就说有东亚性,有内亚性,所谓内亚,满蒙新藏,大概就是这样的几块地方。现在问题的形势集中在新藏,但是满蒙无论如何都还是具有相似的特性。或者因为东北有比较多的移民,或者因为内蒙古的民族区域自治还是有点样子存在那里,所以这两个地方我觉得总还是算处理得比较好。但是新藏这两个地方处理得就差一些,差的原因应该要追到辛亥革命。辛亥革命的时候提了一个"五族共和",如果按照南方革命会党的主张,他们想建的也就是内地十八省的一个汉人的共和国。因此他们革命党的国旗实际上是叫铁血十八星,就是一个中心放出十八个芒来,那十八个芒就是革命党的国旗。

我觉得是在1911年武昌的事情之后,南北互相打了一下,北方也不想真打,南方也实在是顶不住,然后两边就在那儿谈成了一个协议:联合着逼清帝退位,成立中华民国。达成这样一个协议,那个国旗才改成了五色旗,即红黄蓝白黑,五个横条的那个旗子。这个都是能查到的。记住这一点,大家达成的这个协议,不是在建汉人民族国家,是要建一个五族共和国家,也就是汉地加满蒙新藏地,当然汉地的南边又有很多少数民族地,当时没有分得那么细。当五族共和的时候,这个国家建立起来本身就是一个合资公司。很多人忘了这个来源,以为这是一个独资公司,以至于想要那个地不想要那个人或者说即使想要那个人的话,也不想要他们的文化,不要他们的语言和宗教。换一句话说,就是把他们变成跟我们一样的人,它有这样一种紧张。我觉得这首先是一个知识上的萎缩或是知识上的断层,然后你要提到道德上,那就有点背信弃义了。

由于达成了这样一个协议,中国在道义上整个还是存在着的,但是边疆的危机也比较大,边疆危机主要是西边有英国,北边有俄国,但是这两个国家都还是摊上了事。首先是英国参与了第一次世界大战,这样它没有那么强的力量再继续经营藏区的这点事。因此,我觉得外界影响内界比较多,就是说英国在那个关键时刻,它的退出在一定程度上使得西南南方的民族关系的情况包括这个气氛到现在都是比较好的。就是说你在北方研究民族研究不动,你可以往南方走,南方总还是有空间,它文化相对论的气氛比较好,这是我的理解。北方相比之下,俄国虽然也经历着革命,但是它还强了一下子,强起来之后,它对中国的北疆确实构成了比较大的威胁,从东北到蒙古到新疆,结果就是外蒙古被切了出去,把东北和新疆勉强算是保住。但是这里面有非常复杂的关系,然后就是在这种背景下,我们把东部沿海算成了中,也就是说东亚的这块算成了内地,把内亚的那块算成了边疆。

但是,如果你想想元朝,你想想清朝的话,这个事实际上是反过来的。就是说至少是清朝统治者它会觉得东北是它的龙心之地,总归不让人去开发,把这一块儿当成它的生态家园。不管怎么说,这是一步。如果再往下一步,十多年以后——1926 年至 1928 年,北伐战争。

北伐战争应该是国民党跟共产党一起做的,共产党在其中的贡献也比较大。但是,国民党是背信弃义,也就是它杀共产党是从那个时候开始的,如 1927 年"四一二"惨案。国民党在北伐中成功,在南京建了国民政府,然后实行了改旗易帜,以至于中华民国国旗是青天白日旗。我觉得那个青天白日实际上是国民党从铁血十八星旗那里改过来的,不再有五族共和的含义,要记住这一点。

刚才范可老师说的,我把它总结成"废吴"跟"傅顾"之间的争论。从 1938 年的 12 月左右开始,在《时报》打了半年左右,主张中国是多民族国家的"废吴"大概占百,以至于吴先生不在云南大学待,他跑到重庆去当官了。"傅顾"也就是傅斯年跟顾颉刚他们胜了,但是这个事没有完。这个事情如果你继续往后理的话,它到延安跟重庆之间实际上还有一场,我觉得叫"陶蒋"跟"陈毛",也就是陶希圣跟蒋介石弄出一个叫《中国之命运》,然后陈伯达跟毛泽东弄一个《两个中国之命运》,还有一争,争的结果大体上知道就是国民党去了台北,而共产党就进了北京。国民党去台北是因为它对边疆少数民族实在是所知不多而且非要实行那种汉人民族主义的主张,而共产党毕竟是经过长征,根据地又是落在陕北,一个是沿途上的经历,一个是陕北那样一个地方,因此,它对于满蒙新藏这样的地方毕竟了解得要多一些。不管怎样共产党落的比较靠西北,也就是说它对内亚那块情况的掌握多于国民党,然后它就进北京统一了中国。

当然在这之前它发明了一种叫民族区域自治的话语。长征路上是民族自决、联邦,但是到了延安之后它大体上慢慢地发展出一个民族区域自治的话语,得了少数民族的帮助,比如说乌兰夫。我觉得这一段时间给当今中国提供了两个路径:一个是做单一民族国家,另一个是做多民族国家,实行民族区域自治制度来容纳边疆的民族、宗教、语言的多样性。

事实证明共产党这个比较成功,因为从辛亥革命引起的边疆危机一直到共产党取得政权建立了新中国之后才基本落定,它是分头解决了几个问题。东北那块因为有满洲国,暂时不是太好说,就先在那儿搁着。内蒙古是通过乌兰夫搞民族区域自治,新疆是通过共产党承认"三区革命",我觉得这就是中国之命运。如果中国要好,"三区革命"不管你喜欢不喜欢,它必须是中国的革命,必须是中国共产党党史的一部分,是新中国的老百姓反对反动政府的一个东西。如果承认了这个,我觉得新疆的事情就比较好说。西藏基本上就是《十七条协议》。实行民族区域自治,哪个都有它自己的解决机制。

范可老师说了一个很有意思的现象,就是东南。东南七省:山东、安徽、江苏、江西、浙江、福建、广东,这么大区域里面它也有很大的山——武夷山,但少数民族是如此的少,就识别出一个畲族来,还很勉强,第一批还没识别出来。疍民明明已经识别出来,准备承认了,但是不知怎么回事又没音了。我觉得这表明了一种现象:少数民族在东南受到的压力要大于在西部这样的地方。至于它为什么在东南受到的压力就大,是因为东南首先是那些革命会党的老窝,然后是国民党政权的基地。国民党统治核心在哪里?它为什么建都在南京?因为基本上老百姓就是周围那几个省的人,恰恰是在那几个省里面,我觉得少数民族不太好当这个少数民族,否则的话,也许民族识别出来不是那么少,也许畲族不是那么一个格局。

接下来是我自己的一个总结:眼前中国的问题仍然存在。有一个南京南库,有一个北京北库,到底采取哪个路线?而眼前的困局在于1990年以来,我们虽然仍然是共产党领导,但非要用国民党那个方子来治边疆。也就是说北京北库执政,南京南库来做这个软件的东西,那么就使得边疆的情况出现这种困境。反正你只要吃了国民党这服药,国家肯定会有一种反应,这种反应就是边疆人他不舒服。

进而再说,这个民族的事儿就是一个民政的事,民政的事就是经济、民生、升学、入党、通婚、互嵌交融这么一堆事务,实际上是一个权力安排问题。这种权力安排能不能让少数民族、边疆的民族,具体讲就是满蒙新藏感受到两点:第一,他们在自己的生态家园里能够当家做主;第二,他们能不能参与国家事务的治理,因为是共和国,是合资公司。当然,这跟一般的民族国家的构建的思想是有些不兼容,因为边疆那么敏感的地区,怎么能让你们来当家做主?

但问题是,事情为什么不能反过来想:让他当家做主又怎么样?那你会说,如果让他当家做主,他会把这个领土带跑之类的。但是我们还接着再问两个问题:第一,我们国家在联合国安全理事会里的常任理事国的地位,即那个否决权是真的还是假的?如果是假的,那就一切都不用说了,我们什么都得防。如果是真的,那个领土它是带不走的,带走了在那里面就是能被挡住的,没人敢要这些地盘。第二,人民军队忠于党,党能指挥枪,就是说解放军是听共产党的,这个是真的还是假的?如果这个也是真的,那么再说别的东西都是有点儿太国民党的想法了。

因为一个国家的领土主权、国家安全无非就是靠这两样东西,有了这两样东西之后,你在国内无论实行什么样的政治体制,它什么都可能造成,就是不会造成国家分裂。我不知道各位同不同意这个看法?如果要同意,那么中国今后的所谓依法治国、法治中国、民族区域自治制度建设就还大有可为,还可以做很多事;如果没有,那我们就只好继续在眼前这个治理方式里面来打转。我自己提一个题目,实际上就是边疆治理的堰塞湖。

刚才范可老师特别讲到一个互信的问题,它的主体性是客观存在的,然后是你承不承认这个主体,如果你承认了,大家再商谈、协商,在协商的基础上我们需要一个共同的机制,这个机制就是法律保障。把它从一种强权的政治转换到一种承认的政治和协商的政治,我觉得共产党跟国民党不同的地方大概就是在这个地方是有不同的,有创意的。问题是在于我们曾经有过这样好的传统,这个传统能不能把它调动出来?

这是我自己在听范可老师解释之后得出来的,是我的一点学习体会吧!

请范可老师包容,谢谢!

包智明:海洋老师的知识面很广,什么样的题目,什么样的问题,他都有很多自己的想法,很精彩!我们还是给你鼓个掌。下面我们先请范可老师做个回应,回应之后,大家踊跃提问,范可老师会解答大家的一些疑问。

范可:作为我个人的研究,我有谈到中共民族政策的一种转变:从当时主张民族自决走到民族自治再进一步走到了民族区域自治。这里我主要是说仅仅限于边疆观念来讨论这个问题,我觉得这只是一种尝试性的做法,它肯定还有很多能够加以补充的地方。作为文章本身来说,比这个长得多了,在这种演讲上面也不可能面面俱到。

我是想说,这种概念、观念会影响到我们的决策者在决策过程中的取向。比如在新疆那个地方的一些实践和对边疆这个词、这个概念的理解是有关系的。我是设想从这个方面来开发一些问题。

至于讲到互信的问题,当然,民族关系最本质的问题就是信任问题。应该讲是族群关系,因为讲到民族,那就有很多东西扯得进来。我现在有一个想法:我们这个民族认同最好把它称为族别认同,因为这个是属于国家规定的,尽管说很多传统的类别都存在,但基本上你的民族身份是由国家规定的,所以现在变成了一个先定的、不可辩正的东西。我并不反对民族识别,但实际上我觉得现在看起来民族识别可能也没有什么必要。既然已经有了,那也就是说只能在现今的框架上面进行改变。

实行民族识别实际上是我们国家政权建设的一个部分,是为了建设全国人民代表大会相应的一套措施,它基本上是一个归并的过程。那为什么要这样做呢?当然是有一种承诺的因素在其中,还有就是共产党宣称是人民政权,它的政权一定要体现一种人民性,所以所有的人民都应该有权利来分享这个 power。当然,美国有些社会学家非常反对在这种人口里来划分族群类别,应该让民众自由表达,国家应该鼓励大家那种文化多样性的表达,但是千万不要卷入去对它进行划线。

学生提问:福柯讲的是一种人与物的关系,在这个社会中会不会存在一种非人与物的关系?尤其在少数民族地区,可能体会比较明显,比如说在宗教上、在文化上。另外,在少数民族地区,现在会不会太强调以经济为主导的这种名称而应该回归社会?由此回到我刚才说到的那个人/物与非人/物的关系。人/物与非人/物的这种张力来解释许多事情，比如说为你好，而少数民族地区它不要这种窘境是不是可以？所以，我觉得可能不仅仅只限于信任这个问题，我不知道这种观点对不对，希望范老师可以指正，谢谢老师！

范可：信任问题是我最近一直在做的一个事。我觉得是这样：你如果考虑到族群性，它本质上是一种族体间性的问题，就是说一定是这几个族体相互碰撞之后，有了那个接触，你才会有那个感觉，我是这样来理解。所以，从这个意义上讲，我把族群性的本质（当然它有很多很多方面）归结为是一种信任。你如果讲到最原始的所谓我群意识还有包括像亚当斯他来讨论的这种种族中心主义，他关键的实际上是一个信任。

你在一种面对面的社会里，信任本身不是一个问题，因为大家彼此间都知道，一旦你跟其他人碰到的话，那你就会产生一种信任的问题。我是用这个来引申到我们少数民族之间的，我们一定要建立起一种社会信任。社会是一个最基本理念：不要因为人家有着不同的文化，不同的宗教信仰，讲不同的语言，那你就对人家有一种所谓的垃圾话——“非我族类，其心必异”。我还是强调人哪怕他差别再大，不管是肤色，不管是文化，不管是语言，实际上我们共享的东西还是比我们彼此间的差异要多得多。我说我们对少数民族的理解首先应该要有最基本的认识，我是从这个角度来讲。

至于说经济上面的问题，当然这是一个很基本的原因，但是你得考虑到我们在边疆地区的经济是不是长期以来真的做到了这一点，就是在人与物的配置上。人与物的关系，像福柯所讲的，实际上它包含的面是很广的。你刚讲到的对非人与物的关系，对你这个概念我有点不太清楚。他实际上有提到，你必须考虑到大家具体的风俗信仰等等，这都在一个思考的范围之内。实际上“治理术”无非是从政府的角度来讲，就是试图让民众相信在我的领导下面你们是可以有个好的生活、好的期盼的，这样来理解这种“治理术”的实质。我不知道有没有回答你的问题。

学生提问：我觉得今天的边疆问题可能有点泛边疆化，我们的边疆主要涉及的是陆疆的问题，而且我们经常把与其他国家相接壤的地方都叫做边疆，包括东北、内蒙古还有新疆、西藏等等。边疆很多时候其实是在边界的基础上产生的，那我们今天对于边界的划分主要是有一线边界、二线边界，还有三线的问题，那很多边界地区实际是一些荒凉的地段，对于这些荒凉的地段，我们是否需要做这些东西(治理)?第二个问题是我想知道在老师的心目中,边疆的划分大约是在一个什么样的范围之内?

范可:边疆当然是存在的。我是觉得在中国,边疆这种概念所具有的意涵今天来讲它跟主权是更多地联系在一起的,这涉及一个分类上面的问题。事实上我们这种分类一旦出现了以后,不管是对地区还是对人,它这种类别有时候起着一种很消极的作用。

当然,你如果讲到边疆跟边境的关系,边疆实际上就像我们所说的,一开始它并不一定有边境的含义在其中,边境的出现显然是要晚得多。那在早期的边疆,它就是一片非常广袤的区域,不同的政权它都有可能触及这个地方,如新疆的建省就是这样。

讲边疆,虽然我们有讲很多地方,如东北边疆、海疆,这种很多都是文艺上面的一些修辞,实际上对其他地方的边疆并没有得到像西藏跟新疆这样的待遇,这是很特殊的。虽然在毛泽东时代,他对这些地方好像类别上比较高,他们能获得比较高的收入,但实际上对那个地方的掌控一向都没有放松过。

对边疆是有一个很明确的分类,而且它可以是一种有差别的。如果你把边疆作为一种形容词的话,越边疆的地方它代表着我们对主权上面的管控越厉害,越强。当然,这是我自己的一个理解。

总而言之,对福柯来讲,现代国家第一个关怀的东西并不是主权,而是民生。这个是从欧洲的角度来讲,因为在《威斯特伐利亚和约》之后,欧洲基本上是比较少有这种边境上面争议的问题,所以在主权里可能不成为一个主要的关怀所在。不仅是中国,在很多的地方对主权还是很强调,也正因为对主权的强调,恰恰给这些地方造成了很多族群性的问题。这是我自己的一种理解。

(李修贤整理)

衍生话语:“自治”与民国时期边疆精英分子的主体性

主讲人:彭文斌(加拿大英属哥伦比亚大学(UBC)亚洲研究所(IAR)特聘研究员)

主持人、评议人:潘蛟(中央民族大学民族学与社会学学院教授)

从2004年在中央民大驻点,到现在已经在这儿做过七八次讲座了,之前讲过灾难,讲过藏边,这次讲我的传统的研究领域。这次讲座源于我之前发表的一篇文章的注释,我觉得注释比我的文章要精彩得多,所以我把文章的注释抽出来讲。

自治、自决观念既包含了独立,也包含了自治,我们一直以为自治观念是第三世界反殖民化的过程中才有的话语观念。后冷战时期东欧一些国家要求独立,最近大家关注的老牌帝国主义内部苏格兰也要求独立。苏格兰要公投、独立,这打破了我们原来的观念,民族自决的问题不只是东方,也不只是非洲的问题,在后冷战时期苏联集团、老牌日不落帝国也同样出现,加拿大魁北克的独立问题也进行过公投,所以自治问题是一个值得关怀的问题。自治是高度敏感的话题,是弱小民族的希望和抵抗的工具,同时也是困境,所有的话语都是在西方主流的民族国家的概念里打转。

除了苏格兰的故事,我还想讲旅行与边疆经历的故事。关于中华民族建构的问题,1939年顾颉刚在边疆旅行,他到云南以后,写了《中华民族是一个》这篇文章,引起了当时人类学界和历史学界的讨论,对立面的人很多,其中包括费孝通先生对“中华民族是一个”的表述,当时国难当头,中国需要一个凝聚力。我们能看到所有的讨论与文章作者自身的经历是有关系的,顾颉刚先生创办《与共》杂志,和他西北、西南的旅行经历密切相关,他在文中引述了很多他的旅行经历,比如说在青海的洗澡堂里边讲儒家文化,他认为中华民族就该这样的和谐。

另一个事实是1934年,内蒙古掀起"自治运动"的风潮,日本也趁机介入。是年4月23日,蒙古地方自治政务委员会在百灵庙成立,8月,顾颉刚等人赴百灵庙考察,并与德王面谈多次,德王是一个古汉语水平很高的人,两人相见甚欢,但是当自治政府委员会开会的时候,德王马上就变脸了,开始用蒙语,这似乎又表现出一种隔阂。自决的风潮使顾受到强烈刺激,他在《中华民族是一个》文章写道:"德王在内蒙起先提倡高度自治,继而投入日本人的怀抱,出卖民族和国土,然而他的口号也说是民族自决。刚踏入某一省境,立刻看到白墙壁上写着'民族自决'四个大字,我当时就想,在这国事万分艰危的时候,如果团结了中华民族的全体而向帝国主义者搏斗,以求完全达到民族自决的境界,我们当然是大大地欢喜和钦佩;但倘使他们只想分析了中华民族的一部分而求达到自身富贵的私图……这不就是中华民族的罪人吗!"这是在西北,到西南以后,当时西南正在盛行大泰族主义,宣布整个西南属于泰国一部分,当时顾的父亲去世都没法奔丧,正是国难家恨的时候。还有傅斯年给他写信说,不能谈民族,不能谈中国本部。顾先生通过他的旅行经历,看到自治、自觉观念在边疆的危害。

1934年德王领头起草的《自治政府组织大纲》,通过了致南京政府的"请求中央准许自治"电文。电文指责政府不仅不扶持蒙古,"反从而穷困之,始而开荒屯垦,继而设县置省,每念执政者之所谓富强之术,直吾蒙古致命之伤……我中央政府动辄内乱,兼顾弗遑,抑岂以我蒙古为无用之物,故视为痛痒无关,亦不可知强邻压境,在中央政府放任之下,哲里木、昭乌达、卓索图及呼伦贝尔等诸盟、旗、部,转瞬非复我有矣",因而要求"在总理主义及人道主义之下,以完成蒙古自治政府,必能挽我危亡,非蒙古之幸,亦国家之福也"。德王以中央对内蒙古的无视的问题为由要求自治,我们在这看到在《中华民族是一个》中体现出的自治观念的碰撞。我们要思考的是自治、独立是自决的一个部分,在19世纪末20世纪初,自治观念都是一种衍生性的话语,不是本土产生的观念。

印度的政治学家查特基(Patha Chatterjee)在*Nationalist Thought and the Colonial World: A Derivative Discourse*(《民族主义思想与殖民世界:一种衍生性的话语》)(1986)中提出"衍生话语"(derivative discourse)在第三世界民族主义话

语建构中的作用。社会宗教民族都是从日本转道而来,原有的古汉语加以阐释的,“衍生”寓意的是某一起点,民族主义话语的引进,是借鉴、模仿和修纂,而非从西方全盘引进民族主义意识形态。Chatterjee 认为这一引进的过程“会导致从西方进口的民族主义思想理念的改变,摒弃原有的理论,采纳甚至建构新的理论”。不过第三世界民族主义精英分子主体性的获得虽然是一种话语主体的逆转,以东方对抗西方,不过其意识的构建仍然无法摆脱西方的主流话语结构,其主体性的问题也是“problematic”与“partial”,不可能获得一种纯粹的完整性,这也是印度从属阶级理论的核心观念之一。从属阶级能够自由说话吗?他们说的不是自己的话,只是借用的语言。民族自治自觉源自于西方,到了其他的语境里会产生改变,会产生主体性的逆转,产生东方对抗西方的观念,在对抗的最后,东方的知识分子是不可能获胜的。

巴洛(Tani Barlow)在《中国知识分子与权力》一文中提到“符号的地方化”(localization of the sign)问题。“符号的地方化”指的是这样一个过程:来自一种“强势的”语言的知识信息(“符号”),在“特定的、自主的与地方政治的语境中”,被纳入到一种“弱势”语言中去,在这一过程中,同样的符号或许会拥有“一种与其以前所属的语境完全不同的话语力量或权力”。西方的知识分子谈衍生性话语、符号的地方化,不是照搬西方观念,从一种强势语言到弱势语言会产生与原来语境不一样的效力,这里的关键在像《觉醒中国》的作者费约翰说的,东方仍然是东方,不过主体性已经改变,是东方人借用西方的语言说的东方,里面还带有很多殖民主义的话语结构。

自治在古汉语里的意思是自行管理或处理。《史记·陈涉世家》:“诸将徇地,至,令之不是者,系而罪之,以苛察为忠,其所不善者,弗下吏,辄自治之。”《汉书·南粤传》:“服领以南,王自治之。”《新唐书·北狄传·黑水靺鞨》:“离为数十部,酋各自治。”宋李纲《上道君太上皇帝》:“杜牧所谓上策莫如自治,而以浪战为最下策者,诚为知言。”这些说明古代的自治和现代有一些相似的地方。

“一战”之后,美国总统威尔逊提出“民族自决”口号(涵盖“独立”与“自治”),主张使弱小民族脱离殖民宗主国羁绊而得到独立自由。自决口号,原为新兴的美国新帝国秩序对原殖民主义统治格局的挑战,力图以美国主导下的倡导民主、自由的“民族-国家”的理念来主导世界格局。另外,Walker

Connor 也指出,马克思主义演变到列宁主义之后,民族－国家独立理论取代了无产阶级革命理论,而倡导民族革命和解放为弱小国家独立的理论。中国走的是这条道路,有学者提出与其说在中国是马克思主义的胜利,不如说是民族主义革命的胜利,因为新的民族理论、列宁主义提出了弱者反对强者的思想。最近这些年自治在中国的研究,有"联省自治"的口号,杜赞奇对陈炯明的研究,中国应该采用什么样的国体,涉及联邦制和中央集权制之争。杜赞奇对陈炯明在广州的研究大加赞赏,由此我们可以知道,曾经自治的口号在中国是非常盛行的。

以上都是一些背景性的介绍,我们要思考衍生性话语,符号地方化,进入中国以后,20 世纪 20 年代在中国形成了联省自治运动。下面谈和今天讲座有关的,北伐胜利以后,联省自治运动开始销声匿迹,但是自治的观念并没有消失,在中国的边疆产生了一些影响,并且有一些时间差,这与当时民国时期边疆知识分子受教育的过程有关,受教育过程有五年到十年的时间,包括德王用的民族自决也是受到孙中山提倡的"民族自决"口号的启发。

20 世纪 30 年代,在中国的边疆有一系列的文本民族志,比如张兆和做过"文本"与"族群主体性"(ethnic subjectivity)获得的研究,他写的三地苗族的民族志模仿与实践,《从"他者描写"到"自我表述"——民国时期石启贵关于湘西苗族身份的探索与实践》[1]《梁聚五关于苗族身份认同的书写——近代中国边缘族群以汉语文表述我族身份认同的个案研究》[2]《黔西苗族身份的汉文书写与近代中国的族群认同——杨汉先的个案研究》[3],这些都是通过民族志的文本展现自己的主体性,除此之外还有潘老师在凉山地区的研究,通过文本书写和请愿,通过社会活动,比如民国时期冷光电的《倮情述论》《忆往昔》,这能体现出西南地区对自己主体的构建基本沿用以文本、民族志书写这种方式来建立自己的认同感,西康包括凉山、甘孜州、雅安,在这一个省里,有通过国民大会、散发传单、请愿的方式,也有通过武装斗争争取自治的。康巴的本土运动走的是武装斗争的道路,而苗族的精英分子在争取官方对苗族的认可的斗争中,是利用民族志的话语,以及对各苗族分支的历史的梳理,来追求其

---

[1] 《广西民族大学学报》,2008 年第 5 期。

[2] 《中国人类学评论》, 2008 年第 7 卷,第 75 ~93 页。

[3] 《西南民族大学学报》,2010 年第 3 期。

诉求的合法性。西南的本土运动凸显于20世纪30年代，而与此同时，曾在20年代兴盛于中国各省的一种“地方自治”的政治与思想潮流，在汉族省份中已经消退。康区自治为地方与中心的合作，针对地方军阀，而联省自治的目标则是针对中心的合法性理念。

“族群－省政”（ethno－provincial）民国时期省政与族群政治的结合，比如1932的巴安（巴塘）事变、1935的诺那事变和1939的甘孜事变。❶ 康巴认同政治与西康建省计划的碰撞，在与中国民族主义和国际政治的交汇中，构建康区的自治观念。在谈到这三次事变的时候，我们要回顾一下清末的边疆危机，清廷派赵尔峰为川滇边防大臣领军讨伐西藏，这个时候就有建立西康省的蓝图，但是由于清朝覆灭得很快，清末建省计划并没有实现。1928年，民国政府没有坐视边疆问题不管，在北伐胜利以后国民政府定都南京，建立热河、绥远、察哈尔、青海和西康省，建省计划是巩固边疆的一个部分。1928年，西康建省委员会开始筹备，1939年刘文辉在康定宣布建立西康省，这期间经历了很长的时间，西康省在1955年被撤。西康省的存在只有十多年的历史，Warren Smith把西康建省称为“虚幻”，似乎只是为了实现某些中国民族主义者的扩张梦想，他认为西康建省“基本上全是想象性的”。

下图是民国时期出版的西康省的地图，很重要的特色是衍生性话语的进入、自治计划、族群政治都围绕着省政、建省计划进行，西康省的自治不是向中央政府提出自治，而是针对军阀刘文辉提出的，这是很复杂的关系，我们所谓人类学的地方性就受到一种怀疑，我们所认为的地方总是与中央对立的，这里是一种三角形的关系，中央支持民族地区精英分子与地方军阀对抗，中央的利益与少数民族精英分子的利益有一种合谋的关系，联合起来针对省军阀的政治。

（一）巴安事件（1932年）

赵尔丰的“改革”基本上都是在巴安（巴塘）——一个位于汉藏边界上的

❶ Peng Wenbin. “Frontier Processes, Provincial Politicsand Movementsfor Khampa Autonomy During the Republican Period.” InL. Epstein, ed. Khamspa Histories: Visionsof People, Placeand Authority. Leiden: Brill, 2002, pp. 57－84. 彭文斌：《边疆化、建省政治与民国时期康区精英分子的主体性建构》，《青海民族研究》，2013年第4期。

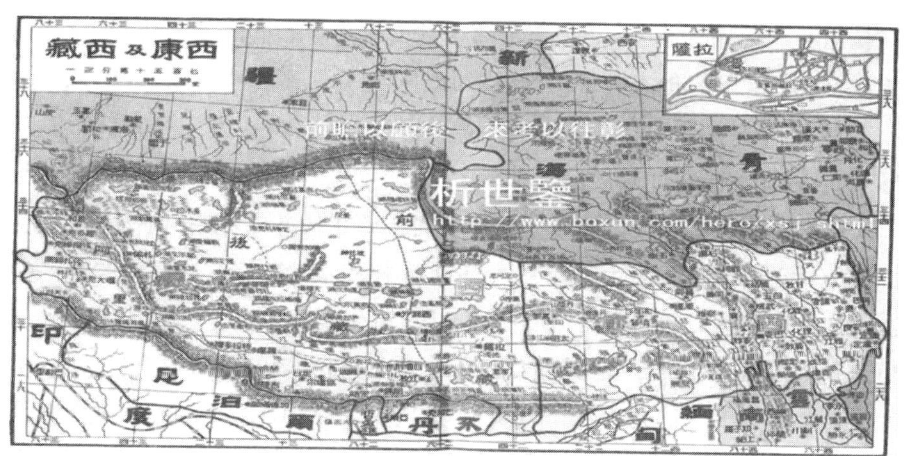

康区南部的县境内进行的。近 30 年后,巴安又于 1932 年被重新推向康区政治的前台,但这一次则是由一位康区土著格桑泽仁(汉名:王天杰)所领导的“自治运动”所推动的。格桑泽仁曾先后就读于赵尔丰创办的巴安公立小学和由传教士所办的华西小学。他在云南修完高中学业后,进入了西康屯垦使刘成勋创办的西康陆军军官学校学习。1924 年,格桑泽仁加入国民党,他在回忆录中自豪地回忆道,他是“国民党第一位藏族党员,并作为康藏代表参加了国民党第三至第六届全体大会”。

1926 年,当班禅的代表宫登扎西途经康区出使南京时,格桑泽仁任其翻译并陪同他到京。在南京逗留期间,格桑泽仁以其对汉、藏语的娴熟和对汉藏事务的精通,受到国民党高官的高度评价。国民政府考试院院长戴季陶一向热衷于边疆事务,对格桑泽仁颇为赏识,他向蒙藏委员会举荐了格桑泽仁。1927 年,格桑泽仁任命为蒙藏委员会委员并兼藏事处处长。

1931 年,国民党中央委员会任命格桑泽仁为西康党务特派员,负责在康区筹建国民党西康分部。鉴于刘文辉当时尚未处于南京政府的直接管辖之下,刘对中央政权也未完全臣服,这一任命明显带有中央政府削弱刘文辉权力的意图,当然,这也符合格桑泽仁自己的西康改革计划。1932 年,作为康区土著和国民政府高级官员的格桑泽仁荣归故里,引起了巴塘的刘文辉手下的文武官员的猜疑与不满。他们散布谣言,甚至刺杀了格桑泽仁手下一位负责宣传的工作人员。格桑泽仁抓住这一机会解除了刘文辉驻扎在巴安的军队的武装,并公布其“五点”改革政纲——实行地方“自治”、力图民族平等、废除乌拉制度、改进耕牧技术，以及发展康区的文教事业。同时他还成立了“西康省建省委员会”，由他本人出任国民革命军西康省防军司令。

不久，格桑泽仁与盐井的贡噶喇嘛发生了冲突，并引发了格桑泽仁与西藏之间历时三个多月的持久战，战事从1932年4月中旬持续到7月中旬。尽管贡噶喇嘛遵从格桑泽仁的命令解散了刘文辉在盐井的驻军，但他拒绝上交收缴的武器。格桑泽仁于是派兵攻打贡噶喇嘛，贡噶不敌，向藏军投靠。拉萨方面对格桑泽仁在西康的党派活动与改革措施早已有所警觉，于是派兵支持贡噶喇嘛，围攻巴安。占据巴安数月后，由于刘文辉的部队也开始进逼，格桑泽仁被迫交出他的指挥权。刘文辉以“违反中央政令”为由，声讨格桑泽仁，并出兵攻打巴安，同时他还致电南京要求召回格桑泽仁。1932年7月，格桑泽仁回转南京，巴安事件就此结束。但是，事件的平息并不意味着卷入该事件的各方对此事件描述上的争议的平息，这些争执都围绕着该事件的合法性而展开。发生在巴安的这一反抗刘文辉康区统治的武装政变，在刘文辉的言辞中则成了格桑泽仁“煽动地方匪众”“勾结拉萨藏军”“反对中央的阴谋叛变”，这一事件使得“本已极不稳定的康区边地局势”进一步恶化，如果格桑泽仁不“对他所做的错事悔过”的话，应对其进行“迅速彻底的镇压”。

而对拉萨方面而言，巴安事件是国民党阵营的内部或者地方的纠纷，严格说来，是汉人将卫藏地区纳入中国统治的长期战略的一部分。然而，与先前的主要是由汉人自己（如赵尔丰、尹昌衡及刘文辉）所进行的尝试不同，这次侵蚀卫藏自主的事件，是由一位康巴土著中“前所未有的叛徒”——格桑泽仁所发起的。拉萨方面认为，格桑泽仁是中国国民党的忠实信徒，他“宣扬危险的想法，鼓动一场所谓的‘革命’，将西康的僧侣及人民带入一场反对藏族军队的疯狂战争之中”。

在格桑泽仁自己的陈述中，巴安事件只不过是他的省党部与巴安的四川省驻军之间的一次“冲突”。尽管他并没有否认他确实逾越了中央命令，自行解散地方汉人驻军，并任命自己为西康省防军司令，但他的省党部“在与四川驻军的战争中，也得到了一些有着坚定革命信念的人的支持”。对于格桑泽仁而言，虽然难以作为与刘文辉争辩的论据，巴安事件的合法性恰恰体现在其发生的过程中。格桑泽仁完整地回忆了这一过程，虽然藏军频繁地派人拜访他，并不断用“同族同教”来拉拢他，但他仍坚决拒绝与卫藏合作。他叙述了他如何领导军队打了一场艰难而勇敢的巴安保卫战,给藏军以沉重的打击。他在文中暗示,如此重大的贡献,如果说不能算超过,至少也是等同于刘文辉与马步芳联军将卫藏士兵驱逐出康区北部与青海南部的功劳。

台湾的一位名叫青峯的历史学者在对巴安事件的过程及其伴生事件进行评价时,认为格桑泽仁的失败在于他错误地估计了自己的力量,并在对待中央政府在康区的渐进性的政治改革措施缺乏耐心,青峯认为刘文辉巴安政绩缺乏,吏治腐败,也是巴安事件爆发的导火索之一,在将格桑泽仁与刘文辉进行对比之后,青峯对格桑泽仁的"杰出领导才能与地方改革的热情"给予了高度评价。青峯写道,真正的背叛者正是刘文辉自己。因为刘文辉后来让红军通过他的防区,并最终在1949年共产党再次回到康区时投靠了新的政权。

(二)诺那事件(1935年)

1939年1月1号,在西康省政府主席的就职演说上,刘文辉回顾了西康建省的艰难历程。对于西康省而言,1935年是一个重大的转折点,这一年西康省建省委员会宣告成立。是年,中央政府任命诺那为宣慰使至康区,以协助西康建省。但诺那却利用这个机会制造混乱,刺杀文官并解散驻军。这一混乱的局面直至1936他去世时才结束。

诺那呼图克图(藏语:Mgarbablama),为宁玛派类乌齐寺的转世喇嘛,在康区政治与历史上无疑是一位传奇性人物。在1917年的汉藏冲突中,他曾帮助过彭日升将军驻扎在类乌齐的汉军与藏军作战。次年,他被达赖喇嘛下令抓捕并判处终身监禁。后来诺那成功地逃跑了,经几个月艰难跋涉,途经尼泊尔与印度,1924年他奇迹般地出现在北京,向北京政府请兵收复察木多,但当时北京政府的执政段祺瑞没有答应。大约在1927年,诺那前往南京,这也成为他的政治生涯的转折点,在格桑泽仁的帮助下,诺那被任命为蒙藏委员会委员。据说,戴季陶曾就汉藏事务咨询过诺那,南京的官员们对格桑泽仁和诺那寄予厚望,希望他们能牵制住康区的军阀,并将中央权威扩展至康区边地,并进一步拓展到西藏。

1935年,诺那被任命为西康宣慰使,负责组织和动员康区的地方力量阻止红军长征北上的进程。他在康定举行了他的第一次宣慰会议,参会者有土司、地方头人、喇嘛和康区贵族。除公开宣扬抵制红军外,诺那还举行了一些秘密会议,收集刘文辉军队横征暴敛、为非作歹的证据。据说诺那给中央政府呈报了300份的书面控诉。另一方面,刘文辉也控告诺那已经超越了他作为宣慰使的职权范围,其所作所为反而使得这一地区更加不稳定。

随着诺那在康区北部宣慰活动的开展,他与刘文辉之间的关系进一步恶化。1935年9月,诺那解散了刘文辉军队的一个团,并宣称康区"自治",在康区北部他下令撤销了刘文辉委任的几个县长的职务,与此同时,他还派兵进攻康南的巴安。中央军第16军军长李抱冰是年也被派往康区攻打红军,他对刘文辉的军队也持轻视的态度,打算将其逐出康区,以便日后西康省成立后他可以取代刘文辉出任省主席。因此他对诺那打击刘文辉的行动给予了大力支持。

1936年,得知红军长征要经过甘孜的消息后,南京中央政府命令诺那率领所部阻止红军北上,诺那的部队在道孚和炉霍二次与红军交火,均被红军打败,诺那被迫逃遁。在途经瞻对至巴安的路上,诺那被巴登多吉(藏语:Dpalldanrdorje)俘虏,并把他交给了一队正向甘孜开拔的红军。在囚禁期间,据说诺那多次拒绝红军领导的规劝,并抨击红军的政策与行为,以示自己对蒋介石南京政府的忠诚。1936年,73岁的诺那在甘孜圆寂,他的传奇一生也到此结束,他所倡导的康区"自治"运动也就此画上了句号。

《西康史拾遗》的作者冯有志认为,1932年格桑泽仁所领导的巴安事件历时仅半年,且局限于巴安,而诺那事件与巴安事件的不同之处就在于时间、空间与资源上所涉及的范围更广。诺那事件"从一九三五年四月,诺那受命入康开始,至一九三六年五月诺那在甘孜病逝结束,历时1年多,影响遍及康北康南",其爆发时"正是西康的政治环境于诺那有利"之时,而巴安事件则爆发于刘文辉政权的鼎盛时期——据说刘文辉当时指挥着一支大约由100个团组成的强大军队,而诺那事件发生之时,刘文辉的军队已于1933年与刘湘邓锡候和田颂尧联军的战争中遭受了严重的挫折。在诺那事件中,除去李抱冰将军的支持,诺那还有一支由500多名士兵组成的护卫队,分别由江安西、邦达多吉与秦伟琪率领,他们也为诺那在康区的使命提供了各种资源上的支持。与此相反,格桑泽仁在整个巴安事件中,除了龙云为他返回巴安所提供的少量军火之外,没有其他可求助的资源。而龙云自己并无意直接干预西康事务,他并不认为格桑泽仁能在西康取得决定性胜利。

此外,尽管格桑泽仁擅长南京的政治,但在西康的政治舞台上,他并不是一个积极的和有影响力的人物,因而在巴安事件中,他所能寻求的地方支持非常少。而在诺那事件中,情况却并非如此。作为一个转世喇嘛,作为康区一个有着超凡宗教能力的政治人物,诺那能组织相当规模的地方武装力量,就正如1917年与卫藏军队的战争中,他便动员了地方势力。在诺那事件期间,他还联合到了几位重要人物的军事力量,如德格的夏格刀登,以及上瞻对的甲日·多吉郎加等。

(三)甘孜事件(1939年)

尽管20世纪30年代的这三个事件具有突发性,但它们并不真正是"偶然的,或孤立的事件",而是"有目的、有预谋、有组织的政治事件"。从本质上来说,它们都是以"康人治康"为口号的反对刘文辉的斗争。这三个事件,或明或暗都受到国民党"中央"的支持,其主旨在于削减省军阀势力、阻止西藏民族主义在康区的扩张。但在这些事件的发生过程中,乡党与族群的成分起到了很大的作用。20世纪30年代活跃于康区的政治舞台,并在这三个事件中扮演重要角色的一些人物,都是巴安的土著,如格桑泽仁(巴安事件)、江安西(诺那事件)以及刘家驹(甘孜事件)。

刘家驹(藏语:Skalbzangchosbyor)曾就读于巴安小学与华西学校。1917年,刘家驹任四川边军文书,在一场与西藏军队的战斗中受伤。1929年,刘家驹应格桑泽仁之邀赴南京共事。刘的才能很快得到承认,由雇员跃升为蒙藏委员会委员。1932年,他在戴季陶的推荐下,出任班禅行辕秘书长。1934年,刘家驹被推荐为西康建省委员会委员,建省委员会于1935年在雅安正式成立。

1939年的甘孜事件,有时也被称为"甘孜班辕事件",使刘家驹和班禅行辕成为西康政治的亮点。1937年,九世班禅圆寂后,中央政府允许保留班禅行辕。1938年班辕从青海玉树迁至康区北部的甘孜。1938年8月,戴季陶率一个代表团前往甘孜致祭班禅。刘家驹提议建立一个特别行政区域作为班禅行辕的基地,这一区域包括八个康区北部的县。同时,他与班禅行辕的其他高级成员鼓动班辕的警卫队长益西多吉迎娶德钦汪姆,德钦汪姆是康北最有势力的家族甘孜孔萨家的土司。

刘文辉当然十分明了这一联姻的政治含义,以及班禅行辕想掌管康北的企图,他认为这将对他的建省计划构成很大的威胁。在此之前,刘文辉也曾与孔萨家族结盟,以巩固他对康区北部政治的控制。他首先将德钦汪姆收为干女儿,并借"父辈的角色"安排她与自己在甘孜的一个汉族官员结婚,但让他失望与愤怒的是德钦汪姆和他的下属军官都不愿接受这种形式的"包办婚姻",各自以"民族与宗教的差异"为托词加以回绝。

当刘文辉得到报告说德钦汪姆要与班辕的益西多吉结婚时,他决定干预,于是下令甘孜驻军团长章镇中以及甘孜县长章家麟将德钦汪姆囚禁起来,以阻止她的婚姻。德钦汪姆被告之,如果她为她的"不顺从"行为悔过,并取消她与益西多吉的婚事,就立即释放她。孔萨家族多次恳请刘文辉将她释放,但均被拒绝。孔萨家族的头人被激怒了,决定出兵攻打甘孜的驻军。班禅行辕与孔萨家族召开了一个联席会议,由刘家驹主持商议军事行动。会议决定以"康人治康"的口号来反对刘文辉的军阀统治,并推举刘家驹为这次行动的指挥。战斗于 1939 年 10 月 25 号开始,共持续了四天。班禅行辕与孔萨的联军夺得了甘孜,解救出德钦汪姆,并且囚禁了甘孜驻军的团长和甘孜县县长,委派康区北部的一些县的县长,同时宣布康区"自治"。

1939 年 12 月,刘文辉军队发动反击,夺回了甘孜。班禅行辕与孔萨家族于 1940 年初溃退至青海。具讽刺意味的是,虽然刘文辉的军队成功地收复了康北,但他原来的计划却失败了,刘本想通过延请班辕驻扎康区,可以"借用"已故班禅的宗教影响支持他在西康的统治,结果事与愿违,这一错误估计让他付出了惨重的代价,一段时期内在康区的地方政治中出现了两个争夺治权的"中心"。

在这些自治里边,有康人自治。1935 年红军经过甘孜的时候,也有红军的自治版本,张国焘的部队建立的两个共和国,金川"格勒得沙共和国"(1935 年 9 月)和甘孜"博巴共和国"(1936 年 5 月)。"格勒得沙共和国"于 1936 年 6 月,由张国焘与朱德领导的红军成立了"中华苏维埃甘孜博巴政府"。红四方面军在康区停留了一年左右,创建了不同形式的藏族自治政府,但这些自治政府"大多有名无实"(张国焘,引自斯伯林,1976:15)。但在甘孜的博巴政府似乎还有一些支持者。甘孜的格达活佛曾担任过苏维埃博巴政府的副主席,支持红军长征,并在 1950 年全力协助中国人民解放军进藏。藏族自治政府的计划,如红军在长征途中创立的大金“格勒得沙共和国”和“甘孜博巴共和国”,存在的时间很短,即便是对其设计者与参与者看来都是近乎空洞的计划(斯伯林,1976:15)。然而对于研究中国共产主义革命的历史学家而言,这些计划对于1935年8月在松潘沙窝召开的政治局会议形成的精神而言却是重要与实际的一步。这次会议“第一次认识到民族事务能决定中国革命的成败”(中共四川省委党史工作委员会,1986:349);并且认为必须承认少数民族自决的权力,并帮助他们组建自己的政府,才能赢得少数民族的支持。正如金德芳(June Dreyer,1976:67-69)所言,中共也从红军与少数民族的遭遇及对少数民族政策中获得了相应的经验和教训,这其中也包括少数民族自治政府组建的经验,这也导致了后来对少数民族自决与脱离中国的权力的反思。这些早期民族政策在解放后被民族地区的有限自治所取代。

在将边疆视为一种历史进程时,阿里斯曾提醒我们注意边疆有过的“颇具实力的地方治理形式”,如自古以来便管辖自己世界的“地方王子、部落头领、寺庙喇嘛”等。阿里斯同时认为,我们还应该关注“那些真正生活在边缘的人们的地方性观念”。在那里,也许并没有我们常认为的那种“一种边缘感或疏远感,而常见的是一种自信与古老的中心意识”,这也正是康巴藏人的特点。斯伯林(Sperling)认为正是康巴藏人的“独立本性”让他们在20世纪时与“北京和拉萨”同时开战,尽管他们与拉萨的差别“从根本上来说远不及他们与北京的差异大”。

在分析民国时期的康巴自治运动时,我们既不应将它们视为一种全球化政治潮流的机械再现,也不能归结于康巴人长期具有的“独立本性”的“爆发”。事实上,这些运动是康巴的历史认同与全球的数个“中心”输出的种种理念间交流的一部分。以这种分析角度看,边疆的概念不仅是指人口(土著居民、移民、商人、士兵、朝圣者等)流动的区域,也是指地方、历史与认同的观念接触与碰撞的动态性区域。

虽然在这一系列事件中自治很少有明确的定义,虽然对于康区自治运动的领袖们而言,自治的概念也是很模糊的,但它却被认为是解决边疆问题的“中间道路”。在这些事件的领导人中,格桑泽仁对政治问题的阐述最多。在倡导康区自治的同时,格桑泽仁也试图把握“独立”与“自治”间的平衡。他解释道:“坦白地说,我既反对边疆民族的独立,也反对汉族沙文主义。”在给民国中央政府的不同提案中,他所言的自治似乎是指自治区域的建立以及将治理权移交给当地人。蒙藏地区的自治也是他最关心的,而其他计划(经济的、文化的与社会的)在他的自治蓝图中少有提及。有趣的是,格桑泽仁似乎对红军所建的博巴自治政府也有兴趣。德格的夏格刀登曾经参与过甘孜苏维埃政府的工作,他曾经给格桑泽仁讲述了苏维埃政府的历程。当格桑泽仁提议将"藏族"改回为藏人的自称"博"(Bob)时,他以红军建立过的"博巴政府"为引证,认为即便没有实质意义,但至少名称上是对的(格桑泽仁,1978:13-14)。

我们在思考衍生性话语的时候,思考民族精英分子不同表现的时候,最后还是要回到衍生性话语的地方性困境的问题。Dirlik 有过关于地方性的讨论,他说希望与困境同在,他认为地方性的问题是"增势"(empowerment)与"困境"(predicament)共同存在的问题,地方既是抵抗的地点,能看到希望,但地方并没有摆脱全球化,我们对地方的自治不要盲目乐观,他们用的自治话语也是一种衍生性话语,"从属阶级能够讲话吗"?他开始讲话的时候,他的语言、思维方式已经受到中心的英语世界的控制了。我在这里不是高唱政治,我把文章的注释部分的看法全部提出来讲,我不是乐观主义者,也不是悲观主义者,我只是质疑这些基本词汇和关键词汇对我们产生影响的时候,我们有多大的能力能够摆脱它们的束缚。我要讲的就是这些,谢谢大家!

评议与讨论

潘蛟:彭老师讲的这个问题很专门,我是四川人,但我对康区的这段历史不是太熟悉,彭老师谈到的历史事件、人物,我也是第一次听到,通过这个介绍,能看到历史的复杂性。大家习惯概括出一个"线性历史",把历史边边角角的地方剪掉,从这个意义上说,彭教授是在抢救历史。

第二点是"什么是地方"的问题,就中央来说,西康是地方,刘文辉也是地方,格桑泽仁也是地方,在这段历史中可以看到地方的裂变性。少数民族有时候也在援引中央来对抗地方,少数民族不是总是想离分的,想通过中央加强权力和自治,这个问题上我们很清楚地看到权力关系的动态性,它不是一个固定的、完全装在结构里的东西。

格桑泽仁打出的口号是"康人治康",实际上是说刘文辉不是康人,从这我们看到一种衍生性,把主流的话语拿过来,某种程度上进行重构以后对主流的话语进行抵制。在这个问题上,后殖民批评指出这些抵制是衍生的、是被殖民的,后殖民说我们能不能跳出这样,反沙文主义没有找到自己的路,只是产生出了另外一个民族主义。我们能不能超脱这个框架?这是你说的困境的问题。第三世界的反抗不是太理想,顶多是一个颠倒的民族主义,还存在民族清洗、种族主义、民族压迫,我们能不能超脱?怎样超脱?这是以后还要思考的。现在我们看到这个,有一种超越的渴望,这还不是太悲观。

学生提问:老师讲到话语的衍生性和边疆精英知识分子的关系,这让我想到了义和团时期农民起义的时候,他们发布了一篇檄文,对当时的时势有非常尖锐的批判,几乎反对了清政府签订的每一条不平等的条约,这种檄文是否也能体现出政府、西方传教士、中国农民自己作为主体的他们希望建立的类似乌托邦式的社会?是不是有这样的一种关系在?

彭文斌:这是一个很好的问题,其实你已经回答了这个问题。就像科恩在《历史三调》里写的,太平天国农民起义,不仅结合了自治的梦想,里面有很多救世的观念,这合法性的获取不只是借用了西方的主权的话语,还利用了救世、救赎的宗教性的权威,这种情况下衍生性话语就更有力量了,这是需要另研究的。

(刘颖整理)

佐米亚,斯科特及部族:对于历史之位选择的批判性思考

主讲人:王富文(Nicholas Tapp,华东师范大学社会学系教授)

主持人:王建民(中央民族大学民族学与社会学学院教授)

翻译:梁永佳(中国农业大学人文与社会发展学院社会学系教授)

不好意思,我会讲中文,但是我的中文不太好,今天非常感谢梁永佳教授来帮我做翻译。我们今天晚上来讨论佐米亚,斯科特和部族连在一起的对于历史之位选择的批判性思考。我关于这个主题最早引用的是2010年一个关于东南亚的学术会议,这个会议的主旨与最近几年大家对于国家本身的研究开始复兴有关,不是把国家看做是没有历史没有文化差异同质的一个整体,而是把国家看做要么是一个关于国家的观念,要么是一个国家体系。国家体系包括不同的治理方式、不同的张力、不同的竞争等。现在不会再把国家像过去那样当做一个不用反思、不用疑问的一个存在了。在几千年前,在社会中仍需要斩掉国王的头,这个实际上就是在反思国家的意思。这种将国家看成一个整体性的观念实际上很久以前就有了。在1940年出版的人类学著作《非洲政治制度》这本书已经揭示了在非洲政治制度中无须一个中央权威、无须国家而只靠亲属关系只靠父系继承的关系就可以有秩序地维系一个社会的稳定。非洲一个没有国家的社会就可以组织得非常好,甚至可以发动大规模的战争。它们没有国家,没有国王,没有酋长,这些都是和经典的政治学理论相违背的。经典的政治学理论认为没有国家、没有国王是不可想象的。通过这些,我们可以知道在1940年的时候就有这样的概念,叫做部族社会,部族社会就是可以不通过国家而组织起来的社会。萨丁斯很早的一部小说叫《部族人》,他是在比较整个西亚社会的不同的社会结构的基础上写的。有的社

会是非常平权民主的社会，再高的社会是再分类体系，更高一层的社会是有国家的社会。萨丁斯把这些不同的社会类型放在一个进化的序列中。随着时间的推移，人类学家不愿再把这个不同的社会类型放在一个进化的序列中了。例如，另外有本书是 1977 年关于南美洲的研究，也揭示了这样的道理。所谓的原始社会并不是后来被崛起的国家力量吞噬的社会，这个原始社会本身就是有意拒绝国家力量的，在原始社会中并不区分谁有权力或者谁没有权力，谁掌握暴力或者谁不掌握暴力。所以，如果我们说原始社会渐渐被西班牙殖民者所征服而殖民化这个说法是不准确的。当地社会一直在积极地将这个殖民力量消散在社会的权力分配中。这个想法斯科特在 1977 年就已经提出来了，我认为这和斯科特最近的一些说法是有关系的。

斯科特是一个无政府主义者，刚刚讲的三本书是和斯科特有关系的，接下来讲的书是与区域研究有关系的，是关于东南亚的。斯科特是一个政治科学家，后来在马来西亚做田野工作变成了一个人类学家。斯科特写了《不被统治的艺术：东南亚高地无政府主义者的历史之一种》，又变成了一个历史学家。斯科特现在是耶鲁大学的教授，又是农业研究的主任，在学界最著名的研究是关于东南亚农民的研究。斯科特经过东南亚农民的研究想要揭示的是这些穷人——社会比较底层的人实际上是有积极能动性的人。斯科特出版的《农民的道义经济学》和《弱者的武器》在中国的社会学界影响很大，在人类学界也有影响。这两本书尤其是第一本书揭示的是底层的人如何抵抗上面的力量，第一本书《农民的道义经济学》，斯科特从东南亚的缅甸和越南的农业历史发展轨迹，特别是农民的反叛和起义探究了市场资本主义的兴起对传统农业社会的巨大冲击。斯科特认为农民的反叛和起义是有自己的道德含义和文化价值的。这种想法和以前的思想家的想法是有关系的，如恰亚诺夫的小农理论、波拉尼的理论等。这些人揭示的小农的经济活动是有它的社会价值的，是为了家庭的安全、食物的安全、交换的道德意义而采取的一种经济活动。第二本书《弱者的武器》回答的问题是为什么在马来西亚国家的征税和剥削下，人们不去公开抵抗。人们不是不去抵抗而是采取其他的抵抗方式，比如不合作、不去开会、搞破坏、讲些笑话讽刺之类的方式进行抵抗。斯科特在书中提出的一些观念，比如农民反抗与底层政治的特殊逻辑——“弱者的武器”与“隐藏的文本”使得底层政治的伪装逻辑扩展至它的组织和实质性方面。其中“隐藏文本”的概念和“清晰化”概念是目前社会科学界所熟知的。斯科特的第三本书是《统治与抵抗的艺术》,讲了一千年的历史,主要内容讲的是“隐藏的文本”的概念,相对的是“公开的文本”。“隐藏的文本”讲的是老板不在、当官的不在的时候,大家说的话是什么。大家说的是其他的可能,其他的未来。所以说这些东西一直都是被忽视的东西。斯科特对穷人有很大的同情心,尤其是同情那些在阶级社会中受压迫的穷人们,他希望能够呼唤起这些穷人的能动性和积极性。他的第四本书是《国家的视角》。非常广泛地讲了不同的现代化的项目,有农业方面的、城市规划方面的、人口统计方面的、建大坝方面的等,这些项目是如何将地方上的知识洗掉的过程和压制掉的过程。这些大的计划之所以有问题,主要是因为将地方上的知识简单化了。把地方上的知识简单化的原因就是想要对其进行行政,通过行政的力量对地方上征税、招兵役徭役等。我举个例子,比如威尔士是怎样渐渐被英国控制的。威尔士的人都有基督教的名字,但是名字后面也有自己的地名,虽然名字很复杂很长,但是大家都知道谁是谁,这样的话是在地方上有意义的。然而英格兰的人必须要有姓氏,这样的话我才能记住这个人,政府才能派徭役派活儿,才能认识他们是谁。这样的话,英格兰就把地方上的知识给清洗掉了,给简单化了。我自己的祖先的祖先、祖父的曾舅父很早之前就到威尔士,那个时候威尔士没有人说英语,是那个过程渐渐让他们变得国家化了。中国也发生过同样的事情。蒙古族的名字太长,写在身份证上很复杂;康奈尔大学一位教授有关于佤族的研究也是这样的,佤族的名字也很长。

荷兰人 Willem van Schende 是一个地理学家,他是最早提出佐米亚概念的人。他提出这个概念的意义在于他想挑战区域研究。区域研究是“二战”以后形成的,一方面受民族国家体系的影响,一方面受全球战略地缘政治的影响。与此同时德国浪漫主义所形成的这种文化区域的概念也没有消失。他提出佐米亚的概念是想提出一个全新的完全打破区域研究分工的一个概念。佐米亚的概念在东亚、南亚、东南亚及中亚的一部分都有,是传统的区域研究分工所不能囊括的一个概念。这个概念的提出缘于人们对于民族国家体系对于区域研究分工高度不舒服的感觉,这是一种新的学术手法。如果你喜欢的话可以说是从民族国家中将历史拯救出来、自由出来。比如关于缅甸的历史研究很多是民族国家无法囊括的，与中国的南部广西、越南都是有联系的。缅甸研究的历史写作是在民族国家体系中所做不到的历史写作。类似的概念也有不同的人提出来，比如喜马拉雅高地这样的概念。我以前在澳大利亚国立大学的时候一个泰国学者提出来的泰云南区域的研究概念。这些概念都是和佐米亚一样的超越区域的一个新的地理学术概念。

在佐米亚地区只要在海拔300米以上的地方的人大都是脱离国家的人。这个地方大到，从越南往东有五个国家一直到印度，还包括中国南部的四个省份，很多人很大的地方。这些人长期以来在过去的两千年中并不是我们以为的像祖先一样的原始人，而是他们自己有意地积极地逃避过去两千年中国家对于他们的统治。斯科特的书里引用了很多人的研究，包括我的作品。斯科特之前是历史学家，到布鲁塞尔之后是人类学家。他将地理学和政治学结合在一起，历史学和人类学结合在一起，形成地理政治学和人类历史学，同时也引用了其他一些地方的民族志。佛罗里达的几个民族聚到一起成为一个共同体族是因为他们要一起逃避国家的统治。佐米亚这个现象不是一个单独的现象，他们聚到一起是因为他们都不想被国家所治理。斯科特提出的观点非常的宏大，非常有力量，但是他写着写着自己也会做一些很小的修正，尤其在书的后部分我们可以看到他做的修正。他会区分国家赶出去的人和不适合国家接受的人，国家所及的方式是政治上统治还是经济上关联。斯科特整个的观点并不是新的，因为布罗代尔一些人早就提出了这样的观点。他的新在于他把这么多的文献在这个区域上提出来了。他的地点是非常广的包括北印度，包括整个东南亚大陆。后来他在阿富汗提出了佐米亚概念，他认为这是世界上最后一块大的逃离国家的地区。这些脱离国家的地方在其他的地方还有，比如说伊拉克的北部、中国的一些地方都可能可以这样解释。这些地方变得模糊不清的原因就是民族国家写历史的时候不想写这个地方，或不重视这个地方，所以这个地方口传的传统也消失了。民族国家的叙事方式成为长时段历史叙述的正常的标准。但是这些人他们的选择在斯科特看来是主动的，是政治学的研究所忽视的，政治学的研究会忽视这些人积极避免国家管理的能动性。这个地方的特点是地很多人很少。一个国家要在河谷经营的标志就是这个国家的人要务农，要在很小一块地方集中很多的人力种植水稻，这样一个国家才是有可能的。不同的国家都有一个星系体系，就是有一个中心，想办法把所有的人都弄到这个中心来，弄到河谷来。怎么把人们都集中到这个中心上来呢，比如战争，去抓人去抢人，把抓来的人变成奴隶让他们被迫劳动。这样的事多了之后，生存在这个地方上的人们为了逃避抓捕就跑到山上去，开始另外一种生存方式。这样跑到山上的人们慢慢就开始和国家分道扬镳了。这些跑的人就被有意地说成是“野蛮人”，这些所谓的“野蛮人”后来没有发展成国家，也没有那么文明化的想法是错误的。因为这些人是主动想躲开国家的，他们离开国家的时候也带了自己的文明，带了他们对于历史的记录，是有一些历史档案的，能够记录他们写作的历史。

这些佐米亚高地的人们社会流动性、宗教的意指性、亲属关系的裂变性、社会制度的平权性以及口头传承的差别性都是有意躲开国家管理的手段，他们这些行为是为了躲避国家的剥削和奴役的一种适应而已。同时有一些人看到高地也有人想模仿国家、建立国家，这是对国家黑暗的一个凝聚、一个模拟，经常会体现为千禧年运动的这种形式。总的来讲这种二分式出现了，我们可以看到高地的人生产的是低地需要的东西，尤其是人力，低地的人总想把高地的人们抓捕过来做他们的奴隶。当低地的国家的人们渐渐地同质化，高地的人们还是保持着宗教、亲属关系的意指性。斯科特书的四到五章里面讲的是国家边缘人的一些关系，包括阿拉伯人、罗马人等，基本上还是在讲高地和低地的关系。但是，他说国家的文明化实际上是把自然和人文的区分换成高地和河谷之分。国家只写上面高地的人士如何仰慕文明而跑下来，而不写另外低地的人的反应。但是，他的这种批评在他自己的写作中也经常犯同类的错误。在书的第五章，斯科特明确地讲了很重要的选择的问题。他认为整个佐米亚的人有意主动地拒绝国家的治理，而且这个过程是在历史上一波一波发生的。所以在历史上记录的那些小的邦国在根本上是与中华文明相反的政体，他们是主动跑到佐米亚地区成为所谓的难民，但是这在佐米亚地区就形成了一个垂直的地带，不同的民族在不同的海拔。第六章斯科特讲的是逃跑型的粮食，比如一些根茎类植物芋头、小米等这些不易被控制的植物。他们改成这种农业方式是为了来适应不同的环境，同样他们的社会关系也是这样的。人们的族群身份是流动的，一会儿是这个族群的人一会儿是那族群的人，这是和当时的环境情况有关系的。我认为斯科特在讲口头传统的时候有问题，斯科特应该在不同的口头传承的过程中做一个非常细致的区分，因为在民族志的传承过程中，它们的使用方式是不一样的。对于佐米亚来说，历史永远是个选择。斯科特在第七章出现了同样的问题，第七章讲的是民族身份起源，即民族身份是如何形成的、如何出现的这个问题。斯科特在研究的过程中采取了激进的建构主义的看法，认为人的身份是可以非常轻易地建构出来的，也是可以轻易地转换的。但是，佐米亚的人就认为自己是佐米亚的人，并不是那么轻易地就把自己头上的帽子摘掉的，佐米亚的人也不会轻易就说自己今天是这样的人，明天就是那样的人，不是像斯科特说得那么简单的。总的来说，斯科特的这个观点是行得通的，身份流动也是行得通的，但是有一定的问题。国家画的地图，国家记录的历史往往不会记录那些小的民族、那些没有文字的民族。最后一章，斯科特提出他的总的观点——非等级化的社会复杂体。总之，斯科特是要纠正一种观点，认为山上的那些人不是国家出现之前的原初状况，而是国家出现之后形成的一种社会形态。

下面我要讲一下，我对于这本书的批评。很奇怪的是，斯科特称他讲的不是近五十年的情况，但是他在书中大量用的是过去五十年的材料，比如越南高地居住的概念、西藏缅甸克隆人起义等。斯科特虽然用了当下的这些材料，但是他的观点必须到五十年前的历史上去。斯科特自相矛盾的地方在于一方面在批评国家所形成的话语，将有国家和没有国家的人分为生与熟，分成文明与野蛮。一方面他用这种区分用得如此之多，以至于在批评中有一种同情，在最后他说，国家的确抓了很多人成为国家的人，但这只是一部分。斯科特的目的还是和以前一样，给予这些没有表示的人以能动性。他的观点是揭示佐米亚这些人的理性在什么地方，他们的理性在于理性地选择逃避历史，这些人不是历史的受害者，而是积极地选择的过程。斯科特的观点有大量的证据可以证明这是毋庸置疑的。但是，他把这些称为自我的观点化甚至称其为自我的野蛮人化，这个说法是有疑问的。比如轮作制度的生计是非常难的，生活是很窘迫的，这往往是跟过去几十年国家的内战有关系的，很难将它称为有益的选择。斯科特说这是人们积极能动地选择的，但是人们谁会积极地选择那么难过的生活？斯科特的观点的确是不新的。墨西哥少数民族文化部部长认为这些少数民族并不是原始人，而是逃离西班牙统治的人，他们也并非是活化石，而是现代化过程中形成的一种人。墨西哥少数民族文化部长给予斯科特很大意义上的启发。有人也提到过这种思想，此人后来在

1975 写了一篇关于部族的文章,认为在中国历史上当国家力量波及地方的力量的时候,有一些人就成为国家的一部分,有些人就散开成为部族。

下面我要讲一下其他人对于这本书的评论。2010 年后《全球历史期刊》不再研究那些大文明中心,而是研究那些比较边缘的人,比如说北海的人、喜马拉雅山下的人。这个期刊里面有一篇很有影响力的文章来评论斯科特的这本书。我的一个朋友写了很有意思的一本书,他认为东南亚不是没有国家,而是有很多小的国家。我同意斯科特的看法,但是他的观点是有问题的。越南的赫蒙族不愿意现代化的观点我认为是错误的。马格莱斯·康奈尔认为佤族人认为自己不是边缘人,认为自己比其他的人富有很多,他们也并没有要躲开国家的这个愿望。所以,我们在谈佐米亚的时候是不能忽视这个多样性的。《全球历史期刊》的另外一个评议员叫作司奈斯,他研究很小的一个族群,这批人生活在印度、西藏、尼泊尔等这一带,这个族群总是想自己成为一个民族,总是想被国家认可。如果把斯科特的思想拿出来说他们是不愿意跟国家打交道的人、脱离国家的人的时候,这是很危险的,因为这群人正好做相反的事。Willem van Schende 提出佐米亚的概念的目的是一个理念,并不是要提出一个新的地理区域来挑战地理研究,而是用这个概念打击用区域划分学术分工的做法。里格曼虽然表扬了斯科特,但是也做出了很多批评,他认为斯科特作为一个缅甸专家并没有使用一手的缅甸的材料研究缅甸。比如缅甸人不识字的这样一个情况实际上是被斯科特夸大了。里格曼也不喜欢斯科特前现代国家集中关心人类问题,而忘记了商业利益。实际上前现代国家失败往往不是人力不够而是土地不够。斯科特所说的逃跑的人实际上是令人怀疑的,并且关于中国的那部分也是不充足的。斯科特一方面在讲佐米亚的人有意躲避国家,有自己的能动性,一方面他用的材料又讲国家对于佐米亚有什么样的压力,这是一个自相矛盾的地方。国家的压力导致了我所提到了材料的发生,这就证明佐米亚的人并没有自己的能动性,只有对于国家压力的反应而已。所以,斯科特是自相矛盾的,他剥夺了他想给予的能动性。里格曼开始用其他地方材料来反证斯科特的观点是错误的。加里曼丹岛的人也做很多佐米亚人做的事情,但是他们跟这一区域的国家保持友好的关系,也有很多的商业来往。

斯科特不断地在讲山上的人有自主性,他们主动地逃离国家,但是说得太多了以至于重复了国家对于他们的压力。

最后，我的结论是虽然这本书里斯科特的某些观点有问题，但是这本书里也有很精彩的论述，而且有非常深刻的人文主义精神在里面。

评议与讨论

学生提问：三位老师好，我想提问的是斯科特的这本书关于佐米亚或者相关地区的研究的思路对于我们国家西南地区少数民族的研究最大的参考价值是什么？

王富文：斯科特的这本书里提到的佐米亚的人们是主动不愿去参与国家的。这要看西南地区的人们是主动社会主义还是被社会主义的。

（朱亚婷整理）

韩国人的离散与跨国民族主义

主讲人:尹仁镇(韩国高丽大学社会学系教授、主任)

主持人:潘蛟(中央民族大学民族学与社会学学院教授)

大家晚上好!今天我主要讲的是韩人的散居者和跨国主义这样一个主题。其实,这个散居者和跨国民族主义它不仅是现在韩人的问题。

首先,说明一下这两个概念。散居者指的就是离开自己的母国到世界其他的国家居住生活,或者说一个族群群体散落在不同国家,这样的一个群体叫散居者。在讲到散居者概念的时候,还要注意的是他离开母国的时候不是情愿地离开,而是他有不得不离开的历史状况在里面。还要提到的是,虽然他们离散在世界各国,但他们还保持着很强的民族认同或者是群体认同。他们不仅具有很强的群体认同感,他们还想方设法地维持这种认同感。所以说,这些群体虽然生活在别的国家,但他跟自己的母国还能保持紧密的联系。

这个世界上最典型的离散者是犹太人。历史上犹太人散落到世界各地,他们有着一段散落的历史。所以,散居者这个概念原来指的就是犹太人散居的这样一个状态。犹太人的散居有两个特点,一个是他们是被强迫散居的,二是他们是整体性的人口迁出,这样一个大规模的人口流动。

当代韩人的移民,首先它是自发的移民,从它的阶层构成来看,主要是中产阶级。散居者的概念以前的理解是它是被迫离开母国,在别的国家居住,不能重新回归到母国,但心里留恋母国的这样的一种情景。以前是应用于这种情况的一种概念,现在的移民是来往于母国和居住国。

我举一个例子。我本科毕业以后到美国留学,在美国拿到硕士学位以后又重新回到韩国。可是现在的不少韩国学生,留学以后坚持不到半年就回国。像我那个时候,出国很不容易,如果能够出国的话,全家到机场欢送,这是一件非常了不起的事情。可是现在因为出国的人太多,所以没人当回事。按当今的情况来看,不少韩人移民群体过着一种具有跨国特征的生活,他不仅频繁地来往于自己的母国和居住国,而且通过互联网,他能够看到母国的新闻、报纸、电视剧、音乐。以前国际长途电话费也很贵,但(现在)比如说通过微信这样的平台,跟国外的亲戚可以自由地联系。所以对现在的国际移民来说,非常容易跟母国的亲戚、朋友互动。

还要强调的是当今时代这些人的认同,它不仅仅是一个国家、国民的认同,它可以拥有非常灵活的认同意识,它也可以有多种的认同感。我认识加利福尼亚一个姓李的韩人教授,这个教授的父亲是外交官,所以他在日本上本科,到美国哈佛大学读博士学位以后,现在尤西伯克利任教。他的认同就是他是韩国人,尽管在日本待过,对日本也有认同感,还对美国有认同感。可能在座的同学也是,你可能出国留学并长期居住在那个国家,你可以有中国人的认同,也会有美国市民这样的认同感。当今移民拥有的这些特点跟以前这些散居者移民拥有的特点(被迫离开母国,拥有很重的乡愁)是不一样的。所以用以前散居者的概念很难说明当代的国际移民。

所以在20世纪90年代以后,在国际学界有一个新的概念出现,这个概念叫跨国主义,也翻译成跨国民族主义。跨国主义概念是指移民超越国界形成的跨国性的社会网络,移民超越国界形成的超越民族国家的社会网络。一个叫巴斯的学者,他就把这个跨国主义定义成移民超越国界形成的社会网络及其继续互动现象。跨国主义这个概念有两个核心点:一个是相互连接,一个是同时性。什么意思呢?虽然你在美国,我在中国,可是咱们可以用微信同时对话,所以它有相互连接和同步性这两个特点。散居者是被迫离开母国,跟母国的关系是断裂的,所以他有很多的乡愁。那跨国主义,它不是这样。它是相连接的,互动频繁,没有那么重的乡愁。跨国主义具有很强的流动性,散居者这个概念是具有流动性差、不相互连接这样的特点。我们不能把这两个概念对立起来,但可以互换着使用。有的移民群体可能更适合用散居者的概念来解释,有的移民群体可能更适合用跨国主义的概念来解释。比如说华侨,现在有新华侨和老华侨,在说明老华侨的时候,散居者的概念是更适合的。可是对改革开放这样一个时期的华侨来说,跨国主义这样的概念是更适用的。

我们现在开始用散居者和跨国主义这两个概念来考察韩国历史上的移民状况。韩人开始离开韩国半岛的移民历史是从1860年开始的,在这一阶段主要是农民、贫困的人,为了摆脱贫困或剥削,他们开始移民到中国、俄罗斯、夏威夷等国家和地方。这样的移民群体用散居者的概念说明是再合适不过了。很多韩国人乘船到夏威夷,到夏威夷以后主要从事经济作物的种植,主要是种植甘蔗。这个活是非常累的,虽然夏天很炎热,他们还得穿厚厚的衣服。他们基本上是奴隶的状态,每个人脖子上都挂着一个号码,叫的时候不叫名字,而是叫号码,他们就是过着这样的生活。

到夏威夷种甘蔗的韩人不是第一批,第一批在甘蔗农场干活的是华人。随着华人的数量越来越多,这些农场主害怕人太多以后会对他们产生威胁,所以为了遏制华人的力量,开始引进日本人。可是随着日本人的增多,他们也形成了一个群体,开始以群体性为基础要求提高工资,甚至为了涨工资还罢工。所以,为了弱化日本人的力量,他们又开始引进韩国人。白人农场主就利用引进不同的群体,使不同群体间相互制衡这种手法来维持他们的控制权。

韩人海外移民的第二阶段是从 1910 年开始的。从 1910 年到 1945 年,这时主要是日本侵略、殖民韩国的时期。日本殖民韩国、朝鲜时期,很多人开始移民到日本,在日本的军需工厂打工或在日本的煤矿打工。日本侵略中国的东北以后,为了开发东北,在韩半岛强制执行到中国的移民的政策。这个时期移民的另一种形式是为了进行反日斗争,不少爱国人士为了反日运动来到了中国、苏联等国家。

刚才说到夏威夷的移民,一些到夏威夷的移民,又从夏威夷移民到墨西哥。这个时候韩人的移民方向是:他们早期到夏威夷在甘蔗农场里干活,然后又移到美国本土,到美国本土后又有一批人到墨西哥,到墨西哥的人有一批到了古巴。从中我们可以看到,他们不是一次性的移民,而是连续性的移民。那这些韩人为什么到墨西哥呢?墨西哥有很多仙人掌,仙人掌里能取出制作各种很坚固的绳子的那些原料,所以他们到墨西哥主要从事从仙人掌里提取原料的劳动。当时到墨西哥、古巴的韩人,发展到现在已经有五六代了,那么这些人的身上丝毫看不到韩国人的影子,这主要是因为它没有连续性的移民。他们去了以后,后面没人再去,所以他们的数量是有限的,他们慢慢被当地社会吸收了。

韩人移民的第三个阶段是 1945 年到 1962 年,所谓的韩国光复以后的事。

韩国光复以后,1950 年到 1953 年,有一场朝鲜战争,战争过程中形成了为数不少的战争孤儿。朝鲜战争结束以后,三万多人的美军长期驻扎在韩国,这些美国军队主要以还未结婚的青年为主,这些青年就开始与韩人有了婚姻,不少人都结婚了。这个美军当中又以没受到良好教育的黑人为主,在当时的韩国社会,对黑人是有很大偏见的,如果韩国女性跟美国的黑人大兵谈恋爱、结婚的话,会受到社会很大的歧视和谴责,所以这个时候跟美国军人结婚的很多韩国的女性跟着她的丈夫都到了美国。

另外,还发生了一件很悲剧性的事件。韩国光复以后,原来日本殖民时期到日本的很多韩人开始回国。可是他们中不少人因为种种原因未能回国,留在日本的人数大概 45 万。在日本的韩人群体,因为意识形态的原因被分成两个派别,有叫朝中联的,这是支持北朝鲜的派别,还有叫民团的,支持南朝鲜的派别,这个群体它就断裂了。日本怎样对待这些韩人呢?在战争的时候,日本说你们是我们的国民,所以得完成国民的义务,到当时的军队(服役),上战场,因为你们是我们的国民,所以必须得完成这个使命。结果,战争结束以后,日本没收了这些人的国籍,说你们不是我们的国民了,而且日本对这些留在日本的韩人持有很重的偏见、歧视,采取差别性的政策。所以在日本的韩人基本上很难融入主流社会,找工作也是,他们找的是最低端的工作,所以在日本的韩人生活水平普遍较低。日本非常想让这些韩人重新回到他们的国家,希望他们离开日本。而当时北朝鲜的状况是因为战争,很多男丁死亡,所以他们就存在着劳动力的严重不足。这时候的这两个国家,一个是希望这些人离开日本,一个是希望有劳动力,所以这两个国家正好处在这样一种状况。这样的情况下就开始出现日本的韩人到北朝鲜的这样的一个移民流。并且,朝鲜跟日本的韩人宣传的时候,说我们朝鲜是社会主义乐园,而且承诺你们回到朝鲜的时候不会受到任何歧视,当时 93000 多的在日本的韩人重新回到北朝鲜,他们刚到朝鲜的时候受到了欢迎,而且受到了一些照顾,可是过一段时间以后,他们就被贴上思想上可疑这样的一些标签,他们的社会生活不太顺利,所以他们在朝鲜也是社会地位较低的一个群体。这艘船是 1959 年 12 月,在日本起航开往北朝鲜的移民船。很多人把朝鲜当成生活的乐园,坐上这艘船。

第四个阶段是 1962 年到 1988 年,从某种意义上说,这是现代移民的开

始。1962 年韩国制定了第一部移民法。制定移民法的目的有两个,一是把国内剩余的劳动力派到国外去。那个时候韩国生六个孩子是平均水平,生育率很高,而现在生两个的都不多了。所以他们这一代上学的时候,学校人多为患,找工作的时候,就业竞争很激烈,反正是运气最差的一代。所以韩国政府认为,把这些国内剩余的劳动力派到国外去,可能是解决国内就业压力的一种有效的途径。制定移民法的第二个目的,是怎样把已经派往海外生活的这些韩人弄回到国内的钱有效地利用。所以,从 1962 年开始,韩国政府开始跟南美、中东、北美的一些国家签订契约,把国内的劳动力派往国外的市场。这种契约移民的第一个国家就是巴西,当时韩国政府的一个构想是,在巴西购置很多的农田、农场,在那儿生产农作物以后,把农作物重新进口到韩国。但当时很多的南美国家,像巴西,他们有他们的打算。这些国家有很多林区,有丰富的林业资源,所以他们想利用这些韩人移民开发林业资源。韩国想要输出剩余劳动力的打算和南美国家想要引进劳动力的想法不谋而合。因为他们到南美国家主要从事农业,所以移民应该是农民或是有农业技术的人,可是实际上,到这些国家移民的不是农民,而是拿着大学毕业证的大学毕业生。因为当时对韩国人来说,到国外去是一件很荣耀的事情,所以很多大学毕业生隐瞒自己的身份,装作自己是农民去往这些国家。因为不会种地,农业移民失败了。他们以为是农场,可到了南美全是树,完全不能种地,所以这些人离开了农场又进入到像里约热内卢、圣保罗这样的大城市。

他们离开南美农场以后，开始做起小贩生意。当地人称为小贩。他们把衣物、生活日用品打包，背着这样的包到各地乡间去销售。到南美的这些移民从小商贩开始做起，有钱了，开始成立服装厂，做起服装生意。现在在巴西的圣保罗或是阿根廷的布宜诺斯艾利斯这样的地方，有很多韩人开的大型的服装厂。南美国家有一个明显的特点，即这些国家的政治不稳定，通货膨胀率非常高。所以这些人其实都不愿意生活在这些地方，他们就又重新移民到美国。这些重新移民到美国的人在那里形成了一个服装市场，他们在南美发展起来的服装行业又重新搬到了美国的洛杉矶这样的城市。

这个阶段还有一个移民的流向是到西德（联邦德国）。到西德干的活主要是两种：矿工和护士。西德，大家知道"二战"结束以后，它60年代出现"莱茵河奇迹"，他们的经济发展很快，开始出现劳动力短缺的问题。因为他们经济发展了，收入提高了以后，很多国内人不愿意从事我们所说的三低行业，而像矿工这样的职业是没有人愿意做的，所以不得不雇用、引进外国劳动力。随着社会发展，整个社会的福利提高了，在这个社会福利中最显眼的是医疗行业。医疗服务功能强化了，需要很多像护士这样的专业的护理人员。当时从韩国去德国当护士的人，在护士当中也是做最差的活，如照顾快要死的人。这些移民到德国的矿工和护士，是德国最低端的劳动力。可是当时在韩国来说，大学毕业生很多时候在国内找不到工作，所以哪怕是这样，到德国也被看成是成功的一个标准。虽然到德国做的是矿工，但也需要工作经验，可是很多人是没有这个工作经验的。很多大学毕业生把自己隐瞒成曾做过矿工，所以他们是隐瞒身份去德国的。尽管到德国干的是最低端的活，可是在韩国来说，他们是很让人羡慕的一件事情。

这里面还有一点需要强调的是，1965 年美国修改了移民法，这时候韩国人到美国的移民开始明显增加。当时对韩国人来说,美国是梦想中的国家。他们对美国的很多想象是跟好莱坞的大片有关系的,所以这时候他们到美国移民的时候,都准备了礼服,因为他们经常在美国的电视上看到这些人穿礼服,搞聚会,所以,他们认为到了美国以后肯定会参加很多聚会,所以都准备了礼服,但他们到美国以后可能没有人穿过礼服。这些人到美国以后主要集中在洛杉矶,在美国洛杉矶形成了所谓的韩人集中地。现在已经过了四十多年,美国洛杉矶韩人的居住区已经成为流动性非常强、非常有动感、非常有活力的地方,成了很多跨国资本的集中地,成为一个跨国性的区域。

这时候发生了一件让人想不到的事情:越南战争。美国参加了越南战争,而这时候韩国和美国是同盟国家,韩国也派兵参加了越南战争。那时候到越南的不仅仅是军人,还有各种劳动者,比如战争有很多工地、工程,去了很多农民、劳动者,去的人很多。战争需要做很多工程,修路、各种工事,一场战争需要很多劳动力,所以这时候越战劳动力的需求非常旺盛。这时候对韩国人来说,到越南参战是能挣很多钱的一笔大生意。这时候到越南的各种建筑工程、工地干活的工人主要是在美国的公司干活的,他们在这些公司所享受的待遇跟美国人享受的待遇是一样的。1965 年到 1973 年的越战期间,韩国除派了三十万军队之外,还有两万三千多名劳动力在越南参加各种劳动。可是战争结束以后,他们都失去了工作。如果他们重新回韩国的话,肯定变为失业的人,无法找到工作,所以这些人很多没有重新回国,他们又移民到东南亚的各国,甚至澳大利亚等国家。

最近的一个时期是1989年到现在。韩国政府1989年采取了国外移居新自由化的政策，韩国人能很自由地到国外去，去观光，去留学，之前是不自由的。在这个过程当中，1997年亚洲金融危机对韩国的打击是很大的。亚洲金融危机之前，很多人是不愿意到国外去的。金融危机之后，国内的就业、工作、社会的稳定性都不太好，所以这时候以中产阶级为首的人开始为了子女教育，为了海外发达国家更稳定的经济机会，纷纷选择到国外去。

1997年以后，韩国人觉得最好的移民国家就是加拿大。加拿大采取的是素质移民政策，根据这个人的英语掌握程度、学历等给你打分，分数越高的人就越容易移民到加拿大。这时候很多的韩国IT技术人员移民到加拿大。从这里我们可以看出，韩国的韩人移民是连续性的移动，你到这个国家以后，就在这个国家居住，然后又到别的国家，它是一个连续的、动态的移民过程。

因为历史上不同阶段有不同的移民形式，这些人虽然说都是韩人移民，可是他们的移民时期不一样，居住国不一样，生活经验不一样，所以他们的认同观不一样。虽然都是韩人，可是它内部已经分化成很多不同的群体。所以现在你不用说韩人就是一个同质群体，已经不能这么看了。

这些新移民和老移民虽然都是韩人移民，有的时候他们是合作关系，可往往他们内部也发生冲突，这样的案列我们能发现很多。在日本，“二战”前的移民和“二战”后的移民，两者之间的矛盾冲突是很大的。那些老移民是“二战”时期移民到日本的后裔，这些人在日本有了二代甚至四代了，他们很大程度上已经同化到日本的社会了。可是新移民都是1989年以后到日本的。所以，很多人到现在还保留着韩国国籍。这两个群体对母国的记忆是完全不一样的。在老移民的记忆里，韩国是穷、弱的一个国家；可是对新移民来说，母国发展非常快，是值得自豪的一个国家。而且最近一段时间，日本也有韩流现象，像韩国的电视剧等在日本很受欢迎，这让新移民感到自豪。这两个群体像水和油一样，他们不能完全合在一起，总是处在一个分割的状态。

在美国和英国，这个情况更复杂。比如美国洛杉矶韩人居住区，这里有1965年以后到美国的韩国移民，也有中国改革开放后从中国移民过去的朝鲜族，也有离开朝鲜到美国移民的人，所以它的构成上比较复杂。虽然他们是一个民族，可是他们的生活经验等，什么都不一样，所以他们开始思考，到底什么是韩人？他们有这个疑惑，这样的冲突显现在选举韩人纽约会长上。在选举韩人纽约会长的过程当中,中国的朝鲜族有一万人左右,这些人如果都参加选举,完全可以把选举的结果扭转,他们有这样的能力。那么,从韩国过去的人认为不能被中国朝鲜族人左右,所以他们就把能进韩人会的会员资格限定在曾经拥有过韩国国籍,没有拥有过韩国国籍的人不能进入韩人会。中国的朝鲜族有的是 1945 年之前来的,那时候没有韩国这个国家,所以很多朝鲜族人属于没有拥有过韩国国籍的人,他们就不属于韩人的范畴了。

这样的事件又发生在北京选举韩人会长的时候。在北京,韩国人和朝鲜人是完全被区别的,北京韩人会是来北京生活的韩国人的一个组织。可是在北京韩人会选举的时候,出现了一个拥有美国国籍的人参加会长选举。他们讨论能不能让一个拥有美国国籍的人来参加会长选举,对此有过争论。本来韩人应该是个族群的概念,是文化上的东西,可是一旦选举的时候就拿国籍说话,所以变成了民族主义的东西了。这个特别有意思,本来是族群的文化上的一个现象,我们同一个族群,可是一旦有选举的时候,国籍就重要了,那就是族群里面存在民主的问题了。

在澳大利亚也发生了同样的事情。澳大利亚的老移民和新移民两者是明显被区分的。韩人的老移民是越战结束以后到越南的人。战争结束以后,没回国直接偷渡到澳大利亚的人或者是在德国从事矿工、护士的人期满以后,没回韩国直接到了澳大利亚,由这些人组成的。这些人刚到澳大利亚的时候是非法居留者。可是 1970 年澳大利亚兴起了开发矿产的热潮,到现在为止,在澳大利亚铁矿、铜矿都成为很重要的产业,这时候开发矿产得有能使用重型机器的机械师,为了解决这个劳动力缺口,他们就默认了非法打工者的存在。1980 年澳大利亚政府给非法滞留者制定了一个赦免令,这些人被赦免以后拿了澳大利亚的绿卡,拿了绿卡以后,他们开始邀请国内的亲戚。所以,他们这一代人在澳大利亚的生活是非常坎坷的。可是澳大利亚从 1990 年开始实行了投资移民制。什么意思呢?到澳大利亚投资多少钱的话,就成为他们的国民了,就能拿到他们的国籍了。为什么这样呢?他们要把有钱的资本家引进到澳大利亚,通过这样的方式推动经济的发展。这时候到澳大利亚的,都是有钱的人。他们刚到澳大利亚就能住上大房子,天天打高尔夫球,过上这样好的日子。以非法的身份到那儿很艰难地适应的这些老移民和有钱的新移民很难融合到一起。

可能中国也有这样的情况。比如说中国有朝鲜族，中国改革开放后，特别是中韩建交后，有韩国人到中国从事各种经济活动。这些韩国人给自己起了一个名字叫“新鲜族”。朝鲜族是老鲜族，他们是新鲜族。到望京的话，可以看到朝鲜人和韩国人虽然生活在一个空间里，他们有的时候可能是相互合作，可是更多的时候是互相排斥，出现了一些非常复杂的情况。可是据说现在韩国人里也开始发生分化，在中国的韩国群体也分成两个派，一派是一心地在中国生活直到死为止；还有一派是我要离开中国，重新回韩国生活。即一个是完全融入，想扎根中国的，一个是现在已经到中国生活了十几年，可能已经形成了一定的基础，可不管怎样我必须要回韩国。它分成这样两派。

我们到目前为止只考察了韩国人移民的过程和认同这样的问题，我们没有预想到事情偶然的结合。其实看韩人的移民，不管他们到了南美、德国还是越南，很多时候他们没有预想到他们能到这些地方，都是一个偶然的事情引发的。虽然他们没有想到他们能到这些地方，可是现在看来这些已成了既定的事实，而且成为互相影响的一个局面。为了这样的事实，我们可以做一些理论上的总结。如果按照以前的认识，一个移民群体到另一个国家以后，在那个国家能适应，能成功地融入主流社会，能同化，这是一个很高的目标。我把这样的方式界定成单一种族模式。这样的模式主要把朝鲜放在移民如何融入主流社会的问题。可是我们从韩人的今天来看，一个族群群体不一定是同质的，其实它里面有不同的小群体，而且每个群体它在母国和居住国之间会采取不同的适应策略。我们简单地举中国的例子。中国有朝鲜族，有韩国人，可是同样是韩人的一个大范畴里分成这样的群体，而且在这样的群体里朝鲜族跟中国政府的关系更密切，而韩国人理所当然地跟韩国政府更密切。为了说明这样一个现象，我提出了多边(模式)，即在一个种族里分成多个不同群体的这样的模式，一个群体里分成多方的族群集团模式。提出的多方族群的概念，不一定只局限于韩国人群体，我们用这样的一个模式、概念可以去考察别的移民群体也是可行的。

移民，不同时代明显有不同时代的特点。所以有的时候不能用散居者这个概念说明的时候，我们就引进跨国主义视角进行说明。把一个族群群体当成一个同质的群体很难进行鉴定的时候，我们应该用多边的种族集团这样的概念，有必要用这样的概念来探索问题。什么叫研究者？作为研究者应该是根据时间的变化,不断地开发出符合现象的一些新的概念和新的视角,这是一个研究者应该做的事情。所以,希望在座的同学们也要在这方面多努力。谢谢!

评议与讨论

潘蛟:谢谢尹教授精彩的讲演!我觉得这个讲演材料很丰富。对我个人来讲,以前我对朝鲜族的移民也有兴趣,但是听了尹教授的讲演以后,扩大了我的视野,我对朝鲜族的移民现象和它的整个历史有了比较清楚的理解,它的复杂性我也看到了。

这里面有这样两个问题对我比较有启发。一是在今天信息化、全球化的时代里,所谓的社会的"脱地性"。以前我们理解社会、社区都是以地域为基础的,而今天我们看到一个社会、一个社区它不一定需要有一个地域的基础,这让我印象很深,尤其是在韩人离散的过程中。二是什么是族群?以前谈到族群,我们一般的说法是指那些自认为拥有共同血统、祖先,从而也有共同文化特点的族群,而尹教授的讲演让我们看到其实族群可以不断地裂变,它可以由于迁移时间的先后,也可以由于空间甚至由于国界发生。在欧洲、在日本由于迁移的先后不一样,这个是时间,问题是我看到由于时间的不同,他们的社会地位不同,它反映的是一个社会的裂痕,这个在谈种族主义者时也有这样的看法。

国籍看起来很武断,但实际上涉及不同人群的不同权利,在同一块土地上,虽然他们祖宗一样,甚至于是亲戚,但他们的权利、地位实际上是不一样的。所以,族群究竟是什么?这个问题可能让我回想起毛泽东以前说过的民族问题的实质是阶级问题,所以我们在这个问题上可能也还要更多地想一想。这是我的两点的启发。另外,我觉得他创造了一个新概念。以前我们认为一个族群都是一样的,是单一的族群模式,就今天韩国的移民经验来看,他创造了一个叫多边共族的概念。这里面我的问题是,他好像还是认为你不管多边、多大的分化,它还是一个 group,但它是不是一个 group?这是我想问的问题。

尹仁镇:我理解潘老师提出的问题。比如像中国这样的原来就有很强的多元性的国度来说,中国这样的地方本来多样性就很强,所以我提出的这些概念——多种族、多边共族,拿到中国可能意义就不会太大。但像韩国这样的国家,他本来非常具有同质性,同质性非常强的群体在移民的过程当中,因为年代不一样,空间不一样,经历了不同的生路经历,结果又聚居到一个空间的时候,它呈现出这些特点,我认为可能这个概念更适合。总的来说,看成一个 group 还是有可能的。有一个前提是移民、同族群体。讲到这个的时候,我们首先有一个心理上的亲密、亲切感,这个感情肯定在,可是这是一个很复杂的问题。一方面,我们是同一个民族的时候,我们有心理上的亲切感,可一旦有什么利害关系的时候,马上这个就不起作用了。

学生提问:我听了这个讲座非常受启发,因为我自己也做流动人口这一块,我有一个疑惑,现在做移民这一块儿它更侧重、强调它的文化的多样性,再强调流动人口他的认同和身份是不是多变的,而且每个人根据自己的意志、认同是不停地改变的。所以刚才尹教授在讲座中也一直在强调这个多样性,那我想知道既然尹教授已经在强调这个多样性了,为什么最后这个框架还是用一个民族性来把这个多样性框在里头?那这样的话,它对现在的真实的现实状况的解释力度能有多大或者说坚持用这样的一个框架来解释的话,对于现在在讨论的多变的身份和认同有没有什么补充性?

尹仁镇:现在我们移民研究领域的这个认同的多变、弹性这样的问题确实是一个热门的观点,但是不管如何全球化、信息化,我们还能观察到的一个现象是民族性这个词,在一个人的认同当中,它还是占一个基础的地位。而且从最近的一些现象看出,全球化的时代反而是在加强民族性这样的认同。比如现在苏格兰的公投、乌克兰,反而现在人们对这个族群、宗教、文化的认同更强化了。移民毕竟是这个社会很小的组成部分,他们的认同当中可能会看到这样的多变性、灵活性。但因为还是主流社会、民族国家、国境,在这样的一个背景下,移民的认同不可能完全排除民族性的东西。

学生提问:老师,我提两个问题。第一个问题,您在讲 1962 年到 1988 年的时候,剩余劳动力向国外移民,而在这期间韩国应该是在 20 世纪 70 年代以后,推行出口导向性战略,而且重点发展的是劳动密集型的加工产业,这两个结合在一块儿的时候,在这种情况下又形成了移民,那么如何做人类学分析?这是第一个问题。第二个问题,现阶段文化产业(也有叫文化创意产业)是很火的,而且韩国这一块儿有很强的影响力和竞争力,形成了您刚才也讲到的韩流,那在这个里边,中国也在大力发展文化产业,而且也有报告说中国有8000亿的文化消费能力,那在韩国的成功经验里,有哪些您觉得在中国的发展当中可以借鉴?谢谢!

尹仁镇:当时的韩国政府认为,人口增长的速度快于经济增长速度的话,肯定会有影响。因为人口经济增长超过了经济增长,经济增长的成本全被增长的人口吃掉的话,这个国家的经济实际上是不动的,发展不了的。所以,当时虽然韩国国内的劳动需求开始增强,可是它并不能完全吸收韩国的劳动力。所以韩国政府想方设法把剩余的劳动力派往国外,主要还是从经济发展的角度考虑的。在六七十年代它还没有完全吸收掉国内剩余的劳动力,吸收了还会产生剩余的,因为人口增长得太快了。所以当时韩国人口政策成为政府一个很重要的政策,他们提出了很多的口号,如没有什么对策的情况下,你使劲生孩子肯定会变穷之类的,它用很多这样的标语来劝告人们,不要多生孩子。所以这时候它从经济角度考虑,在国内吸收不了的情况下,想到的就是派出去。

对于韩流,简单地来讲,为了生产好的文化、产品,首先得有人们自由思考的空间。在人们创造的过程中,人们的这个自由的环境得保障。你让人们足够地发挥想象空间的时候,这个产品的多样性、想象力就会出来。针对中国的情况来说,政治、意识形态、主流价值这方面还是有很多框框存在的,那么,这样的框会在一定程度上局限人们的想象力。所以从中国的角度可以想一想,怎么用更贴近的方式生产出更让人容易接受的文化产品。文化需要自由想象的空间,我觉得这可能是韩国文化产业发展起来的一个很重要的动力。

学生提问:我也是一个朝鲜族。我爸爸是生活在哈尔滨那边,我妈妈是生活在延边那边,我爷爷是从韩国那边过来的,我姥爷是从朝鲜那边过来的。在我们家族里,我爸爸那边的家庭跟我妈妈那边的家庭是相互看不上的,都认为自己更好,而对方不好。所以,当我上了北京的大学,有好多韩国的留学生,当我跟他们一起做活动的时候,我也明确地感觉到朝鲜族跟韩国留学生之间不能融合到一起。我想请教教授,您身为一个同样的民族,针对这种同族之间这种现象,您是用一种什么样的心态对待的?

尹仁镇：我举一个例子来说明这个问题，举一个美国犹太人的例子。最先到美国的犹太人都是从西欧过去的，如法国、德国、英国这样的国家。因为他们的教育水平高，他们都有城市生活的背景，他们的宗教也更具有新教世俗的宗教的特点；而之后在20世纪40年代过去的这些犹太人从东欧过去的比较多，如波兰、俄罗斯，这些人学历低，主要从事农业，宗教上是非常传统的宗教。到美国以后，老的犹太人认为这些新的移民没有文化，全是农民，看着也很土气，所以对他们非常反感，一度排斥他们，跟他们保持距离。可是他们发现美国人不会去区分你是老移民还是新移民，在美国人眼里，你们都是犹太人，怎样对待他，整个犹太人的形象还是那样。这时候老移民就改变了态度，有实力的老移民去帮助这些新来的移民，在教育等很多领域给他们提供资源，让他们在这些方面有提高。结果到现在，美国犹太人已经在美国成为一个最成功的族群。

用什么样的心态去克服同一族群内的冲突或矛盾？我认为还是占据有利地位的人应该主动去接近不利地位的人，像犹太人一样，给予资助，提高整体的素质，我认为这可能是正确的方法。

（李修贤整理）

信仰与习俗

- ▶宗教的传播与习得：从认知与感官人类学入手
- ▶伊斯兰复兴与社会重建——后海啸/后冲突的印尼亚齐
- ▶福建惠东女长住娘家习俗成因新解
- ▶中国乡村人类学的研究路径探讨
- ▶文化亲密性与有担当的人类学：对《逐离永恒》一书的思考
- ▶弗郎索瓦-于连的中国镜像与儒学的困境：没有历史研究为基础的思想史研究如何可能？

宗教的传播与习得：从认知与感官人类学入手

主讲人：杨德睿（南京大学社会学系副教授）

主持人：潘蛟（中央民族大学民族学与社会学学院教授）

首先，很高兴来到咱们民大进行讲演，我这次演讲的题目是《宗教的传播与习得：从认知与感官人类学入手》，也是我自己最近新思索的一个结果，希望与同学们进行探讨和交流。

宗教人类学作为文化人类学的一个分支，它的整体的生命历程和整个人类学是一样的。如果对宗教人类学提出反思，那在进化论的范式里面，宗教是什么呢？

这里想谈谈印度学者写的一些著作，基本上写的是一样的，即关于三元论类似的东西。在那个年代里，巫术、科学、宗教的三元论是学者们津津乐道的东西，但这个三元的框架看起来公平其实是一点都不公平，正如资本主义每一个毛孔都渗透血和肮脏的东西，进化论的每个毛孔里面都渗透着政治权力。在那个时代，以科学作为知识，把宗教当作一种伪科学，巫术是原始科学，而在很多时候，原始科学比伪科学要更科学一点。在这个大趋势里面，整个宗教人类学的使命就定了，就是用来反映人类理性的历程，就是呈现宗教人类理性跃升的不同阶段。关于进化论的一个模式，今天在座的如果有哲学系的学生，估计会想到黑格尔，比如说关于人类理性跃升的过程，他就提出来宗教主要是用来解释和控制外在世界和环境的一种代码，关键点就是解释和控制，那么最后宗教就被认为是一套技术或者是学说。从这一点来看，宗教知识论完全呼应于进化论，今天来看那个时候如何看宗教，会觉得是一种错误的格局。当然在人类理性跃升的中间，在那个时候，类科学、伪科学或原始科学会有神秘的色彩，造成逻辑的混乱。把宗教放在这样一个环境里面来看的话,体现出人类是怎样从蒙昧时代进入理性时代的。

继续谈宗教人类学演化的第二个阶段,那就是结构功能论或者说是结构功能主义。在座的各位,上过人类学的课程,可能都知道,结构功能论原则上认为宗教是一个群体和与它相关的概念范畴的一个再现,这个概念范畴最后被扩展为一个庞大的系统。暂且不论是不是真实再现,但这种说法很像涂尔干谈宗教时候的观点,即谈到宗教生活的形式时,对宗教的崇拜其实就是集体的崇拜,你用五行、诸神等什么概念都无所谓,这就是个象征体系,只是我们这个社会里面的一个象征,一种神话,象征化的体现。详细内容就不进入了,但可以看到很多很有意思的看法。人间有什么,上天就有什么,阴间也就有什么。神灵的世界,包括天地,神界和阴间其实就是一个帝国的隐喻。那宗教为什么要搞一个集体主义和象征主义?同学们可以好好想想。社会有两种冲突性原则,理性的或者战斗的团体,这两个原则在这个社会里面是让两性能够都能参与的一个最大的共识,像医师治疗、打鼓这类的仪式,就是两种不同组织原则。

再接下来的一个阶段,结构功能论到60年代就不行了,产生了一个语言学的转向。这其实跟弗洛伊德有很大的关系,把人类当作一个最自由开放的展示。弗洛伊德《梦的解析》有很相似的关系,神话是我们窥探一个民族文化结构最特别的窗口,也可能是最方便入手的一个东西。重点是在弗洛伊德影响之下的60年代到70年代整个宗教人类学显得有点虚浮。因为真正的人类学家,包括那些宗教学者,老老实实地在田野做调查,就会发现他那套东西不适合我们,不能再停留在那个层面。我一直都说,大部分的宗教人类学者,用结构主义的东西去分析结构性对立。但结构性的文化框架是什么样的呢?还须进一步探讨。宗教是涵盖一切意义的事物,并对这些万事万物赋予意义的一套体系,这个可以说把涂尔干的观念更扩大了。涂尔干不是特别强调意义,更多地强调分类学。为什么我强调意义?关键是透过这个社会和文化,你会看到这个世界是什么样子,个体或者群体有什么动机,你存在的目标或者奔头在哪里;然后还有美学的功课,你觉得什么是美好的;那再接下来就是美好的或者丑陋的东西模式是怎样的。这里可以简单地谈谈格尔茨,他的文化诠释学可以看出一点意思。我刚刚讲到的真实是什么?尤其是自我跟动机还有真实本身在宗教里面是最重要的。你觉得世界是什么,然后我是什么,最后赋予你一个动机,这一套意识形态会告诉你,你应该追求什么。你会感到我为什么要活着,我们这个国家或者群体是为了什么。然后就是宗教通过美学来支配人们的情感,它会让你相信,在河南出生的女人是耶稣的妹妹,它就是让你相信有这样的东西(笑)。

在格尔茨之后,后殖民主义就正式开始了宗教人类学,应该这样讲,格尔茨就像古典音乐界的音乐教父一样,他总结了古典时代最完美的东西,而且他的东西是不能够仿效和超越的,属于天才性质的。后殖民主义应该是跟理性主义同一个时代,也就是宗教人类学领域大的范式时代基本上结束的时候。有一些不同的讨论在宗教人类学里流传。关键的是后殖民主义我觉得是对政治权利和历史的灌输。谈到权利和政治经济学,大家会想到福柯。的确,福柯跟后殖民主义浪潮几乎是同一个时期开始,在 20 世纪 70 年代末主要是 80 年代开始的。另外一个谈历史经济,这是印度的后殖民主义者最喜欢谈的一个词。比如“库克船长”到了印度学者那里,讲得非常复杂,中国的学界关注的就很少,因为印度学者搞得很精致很玄乎。然后有一派,很喜欢谈集体,象征性和反抗。比如在纽约,从动作、衣着、歌曲探讨殖民的历史,后来被浓缩为用各种不同的方式去祭奠。宗教可以说是一种计步器,用各种不同的象征去展现一个族群的历史,当然我们得承认在里面肯定塑造了一种历史观念,这种历史观念会形成一定情感的召唤,就是我所谓的历史情境。台湾人会有一种悲情意识,这个东西,它对历史有一种独特的记忆,被赋予一种独特的情感,这种历史情境也会通过宗教体现出来。简单地说,宗教作为一种支配和压迫的形态,这个就是政治经济学。这里面隐藏着象征性的暴力,宗教可以认识暴力形态,这个东西呼应的是和宗教相关的恐怖主义的事情。因为时间关系,理性主义的东西我不多谈。理性主义也扮演重要的角色,刚才所说的全部的东西,人性、记忆、历史情境等,你都可以去关注它的理性层面,可以构成一整套关于理性主义色彩的宗教人类学。

说了这么多,接下来谈谈为什么我开始关注宗教的传播?从进化论开始,经过结构主义,到格尔茨的诠释人类学,这些所有的共同的特征就是民族或者文化中有一种主导地位的宗教。大家知道纳西古乐,传下来的其实是道家音乐,但同时这个民族里面又有东巴的东西。所有的非本民族传统,其实有大部分都经过很多的改动,甚至是大部分社会会同时有好几种相持或者相分离的东西。也就是说,我描述的几个范式里面或许还能用的就是只剩下结构功能论。它并不能预设我有一个集体的框架,结构不可能提供,除非你提出一个更高的东西,把各种不同的宗教都纳入进去,很少能够做到这样的。以往的这些凡是共同建立在一个东方学的基础上,这个操作,很显然有问题。但至少殖民全球化意义之后,全世界普遍的现象是这些宗教开始大肆地宣教,宣教就会面临其他的竞争。同样地不能说东方的教会没有向外宣传的机会,也开始有向外宣传的机会,华人的很多宗教随着殖民帝国的建立也有很多向外宣扬,包括一些民间的信仰,多种宗教的竞争可以说 19 世纪以后就是一种全世界的敞开状态。在这种情况下,你要从事宗教人类学的工作你就要认识到这样一个事实,大部分的社会里面都会存在很多宗教,都需要拉入大批的人进去。我没有意思去说类似美国宗教那样的自由市场的意味。很多学者也都认为全世界宗教最自由的就是美国,说的其实是宗教市场化很强。殖民接触带来的这些竞争,单单这个事情本身,比如印度教、伊斯兰教、佛教……你必须要改变,那这个改变为什么要采取这种方式而不是另一种方式? 所以说为什么要谈宗教的传播,原因在这里。

接下来我们要知道,宗教面临很多竞争,所以我觉得开始研究传播跟习得是非常重要的。我认识到认知人类学很重要,很有趣的是,从宗教人类学转向认知人类学,那个圈子里面,它的第一本书,超过半数的篇幅在讨论宗教。接下来主体就谈这些东西,我们过去会面临两个问题,第一个完全把宗教想象成全民性的、原生性的,另外一个就是宗教起源的问题。当然后一个从进化论之后很少谈的。你凭什么推演它是怎么发生的? 结论就是你不是原始人,你不能回答这个问题。如果宗教起源是不能谈的,并不表示宗教在群体或者个体身上发生是不能讨论的。一个人为什么开始信仰宗教,虽然不能探讨,但是一个地方的人开始变成一个宗教的信徒,个体发生学或者群体发生学是可以讨论的。如果从这个角度去看,再加上竞争,就会得出结果。我们可以看到现在能够生存的宗教,其实是经历了很多淘汰的结果,必然能够显现出这个群体接受他的一种文化的特征,至少可以解释这些宗教为什么可以活得好好的、哪些宗教能够契合人类的一些东西等这一套的观念,最后总结就是其实是传染病的这样一个框架,把宗教当作传染病,可以跟人体的细胞结合,进去以后通过自己的内生机制,开始更广地扩展,再以此为基础往外传。宗教也是一样的，它必须具有一些特质，这些特质必须具有传染性。社群交叉感染，这个宗教就会越传越广。这个框架提出来，就告诉我们，一些词汇或技术就会相应提出来如何面对。总的目标就是要解释宗教这样作为一种疾病或者意识形态也好它是如何传播的。我个人最有兴趣的是，人们是怎么学的？关于习得的问题，是教育人类学的传统，从教育学变为教育人类学一个重要的改变是不是教，而是学。教育学的研究主要是研究施教者，但教育人类学是关注学者。我是受到启发的。从一个门外汉如何慢慢被拉进来，最后变成这个集体中的一部分并开始传播。这方面的研究以美国为中心，英国也不错，法国著作很多，但我并不认为它做得很好。核心是在美国，再深入一点，探讨传染病模式里面宗教的传播可以归纳出什么？经过一些实验得出一些结果，宗教怎样才能成为传染性？有一定程度的反直观、反直觉，为什么？比如说，人类认知一些基本的观念是普遍的，讲起来很复杂，简单来说经过认知心理学，人类有几个领域有基本的观念，比如物理学观念，你会发现没有衬托的话就会掉下来，我们并不一定知道这是万有引力定律，只是无法言传表达出来。但是宗教再怎么玄乎，不能超越人类认知的基本框架与人类的直观，特别是心灵的直观。你必须要想象，这个圣灵或者鬼必须要有跟人类一样的思维逻辑。为什么？我们都知道，我们可以去讨好鬼，震慑或者吓唬它，这些行为站在所有宗教仪式里面最核心的位置，所有这些的前提就是那就是神鬼可以被震慑取悦，也就是认定神鬼逻辑跟人的逻辑是一样的。如果一切可以从直观理解的话，那么宗教就是没有吸引力的，才会出现反直观。只有这样，你才会记住。比如穿墙术、隐身术等跟我们的基本的物理规则和数学规则相反，这就是反直观。反直观的东西吸引了注意力，并且跟直观的部分必须要有一个巧妙的结合。

另外是一个案例，英国的一个宗教研究中心，主要研究记忆。世界的宗教有两大类。

一种是用文字或者说毅力洗脑的宗教，用大量的文字进行宣传，另外一种靠的是传统的宗教。他们发现其实跟人类长期和短期的记忆有关系，并且用心理学的方式进行了一些探讨。一种是自传性质的记忆，通常是重要事件，一段重要经历非常刻骨铭心；另外一种是背书，把一个经文背下来。其实中间也会有问题。第一种，事件性的话你可能会忘记，会记错，问题是怎么记住这个时间前期那厚厚的场景？比如大屠杀，你记得非常清楚，但最惊恐的部分会把它忘记，前后左右的事情你也会忘记与混淆，很多时候这些都是不可重复的，没办法传达给另一个人，再亲的人都说不出来，也就是机制的传导有问题。比如成年礼，涉及很多虐待，比如挨饿、不能睡觉、不能喝水，操作层面的事情让你知道成年礼是这样一个事情，会有很大的震惊。这样的宗教在传导的时候，去告诉下一代，怎么言传呢？这段很痛苦的经历不像是舞台类似的效果，不可能让你再经历一次，很难重复，但是你得到了一个体验，这种体验你怎么去阐述呢？不是靠语言。

另外一种模式的宗教，完全是靠语言的记忆。最大的缺点就是非常无聊，让你想要睡觉，类似于讲经说法，也没办法。但这个好处是一旦传导，用很多方式限制诠释不至于相差的太远，就是一些文字性的东西，比如集体诵经。

用两种不同的记忆模式去对应人类宗教的传播及学习，非文字性的为什么会有这种设计，以文字为基础的就会有这些规矩，对应不同的类型就会有其相应的模式。

你要研究宗教为什么要转变？为什么以这种方式转变？我觉得它有一些社会结构跟认知形态的传承或者改变。我也写了几篇文章讨论这个东西。渐渐发现，感官很重要，有一个普遍的偏差，无论是记忆还是其他的免不了概念词汇，多大程度上能够超脱这些限制，很难讲。也就是说以信仰作为它的核心，我认为在宗教人类学已经被说得太多了。在中国情境下做研究，记忆不一样怎么去传导？说到底还是感官人类学的东西。而巫术的学习核心就是感官体验，你要吃喝、穿戴什么东西，你才会渐渐得到认可。在很多宗教里面，比如佛教、伊斯兰教或者基督教，这些名门正派最重要部分就是不可言传的这些身体上的部分，只有把这些东西内化于心，才会变成你的宗教。我觉得这是一个很重要很有希望的途径。

评议与讨论

潘蛟：现在我们开始进行讨论。当然首先谢谢杨教授的深入浅出的讲演，老实说宗教的东西很多我不熟悉，你又帮我梳理了一遍。谈的 60 年代前的我还知道一点，再晚一点我就不知道了。但是整个讲座听下来，非常清晰简练。从认知的角度来做，我感觉到这是很新鲜的一个方向，但是我思考的是，这到底是从宗教里面谈认知还是从认知来谈宗教？其次呢，也谈到了宗教认知的一些特点，从意义或者仪式角度来归因一个宗教，这几年好像也提醒我注意到这一点，比如神圣的存在、景观、神圣感之类的。

第二个问题主要还是谈认知，从感官上比如记忆上谈宗教，从反直观和直观关系来谈这个问题。好像还是一个认知感官的事情，距离世界还远一点，个人的经历也不是绝对的个人经历，但是不是还是要和个人经历、感知、认知的联系起来更好一点呢？

杨德睿：这个我们先从前面来说，首先据我所知，没人谈到普遍的象征，或许是我涉猎得还不够。潘老师核心的一个问题简单来说就是社会性，也就是说这个研究怎么跟社会大的历史的演化产生关联，我觉得非常重要。从宗教人类学谈认知还是从认知谈宗教人类学，这个一分为二地看吧。但我自己觉得朝向认知心理学方向走，不太适合人类学家的口味。我自己做的案例研究里面，用认知框架去谈，后来解释的关键因素不在于认知框架里面，最后的诠释，社会关系就来了，只有这一套历史传统，必须去依赖。这个责任归属到最后就是社会结构的选择，我自己也没有料到。我想认知的视角对我研究的有力的地方在于，我能够发现社会结构在这个里面扮演决定意义，但是这个是怎么发生的呢？还有待于探讨。我现在也在筹备着和其他的同事做这方面的事情，中国人怎么样去学习不同的宗教传统，去田野里面看实际的情况，我们要把田野调查这个面子上的东西融入进来。

学生提问：您的讲座非常好，我想问一个方法论的问题，认知人类学很大程度上以实验控制为主，跟人类学的方法怎么结合呢？您也讲到了不可言传性，那么做这样的一个实验到生活本身怎么应用呢？怎么能够避免个体的神秘主义？

杨德睿：第一个问题从认知人类学一开始就谈到的，最大的群体研究是认知心理学，主要在搞实验室研究。人类学家出身搞这个很少，我们严格来讲，也有，只不过很少。真正搞这个的这些人，走得比较远，把认知心理学开发的论点经过田野调查，发现放在田野里面有问题，之后提出否认，再进行修正。人类学家在这个里面更多地扮演的像裁判员。很多东西我今天鉴于时间关系也没有讲。长期搞人类学出身的,可以通过不同的方式受到启发。第二个,你问的不可言传性如何用文字表述？回答有点复杂,如果说对这个方向有很强的兴趣,会走向认知人类学,它们更多地用视频去记录,影像资料也运用得越来越多。记录层面来讲,用文字写的话就是抽象层次较高的东西。

学生提问:杨老师您好,我现在也在做类似的宗教方面的东西,比如泰国的新佛教运动,特别强调身体的体验性。您刚谈到的最后,说在现象人类学方面您觉得是有希望的,那您觉得哪些方面可以谈谈？

杨德睿:这是一个非常大的问题,传统的民族志的写作无疑是很难的。第二点就是,身体上的感受在他们的学习历程扮演着什么角色,对这些东西所赋予的价值是怎样的,我觉得这个部分比较欠缺,我们能做的就是设法倾听他们的讨论,特别是行内人的讨论。要去分析他们的这种讨论。

学生提问:杨老师您好,我想问有宗教信仰和无宗教信仰的研究者研究宗教学有什么区别？

杨德睿:当然差异很大,我希望这种差异不要影响研究的结果。人类学最高的境界就进得去,出得来。不要一开口就和教徒一样,不仅仅限制于宗教,对其他的也是一样。

学生提问:杨老师您好,我有个同学信仰基督教,就把我们宿舍另一个同学也说服加入基督教,但是她的父亲不管她怎么讲都不会加入进去,我想问同学只是相处了几年就容易加进去而她父亲为什么免疫力这么强呢？

杨德睿:我感觉得把历史的观念放进来。很多的代际差别在宗教信仰方面差异很明显,那个时代的人对宗教的排斥性和免疫性很强的,越年轻的人则更能够接受。我只是观察到这个现象很普遍,没有深入研究也不能给你过多的解释。

(石娲整理)

伊斯兰复兴与社会重建
——后海啸/后冲突的印尼亚齐

主讲人：麦克·费勒（新加坡国立大学（NUS）亚洲研究院（ARI）宗教与全球化研究中心主任）

主持人：潘蛟（中央民族大学民族学与社会学学院教授）

上次给大家讲的是伊斯兰教义全球的文明的特征。今天我讲另外一个题目，就是非常集中地讲一个地方的情况，这个地方是印度尼西亚的亚齐省。它在印度尼西亚的最西北部，这个地方以长期的伊斯兰教文明而闻名于世，可能是东南亚地区伊斯兰教所存文本文献最多的地方。它是伊斯兰教具有悠久历史的一个国家，也有长期的社会组织和机构来宣传和传播伊斯兰教的价值。

今天我要讲的是亚齐历史中一个很小的篇章，也就是在20世纪21世纪之交的时候，亚齐经历了一个非常复杂的社会重组过程，这个过程以伊斯兰教的律法为标志。在世纪之交的时候，亚齐面临的问题主要是民族的分裂主义。当时，印度尼西亚中央政府的律法允许亚齐省实行高度自治，这种高度自治促使亚齐省的伊斯兰律法有一个可以实施的空间。在实行这个律法的时候，有一些人批评这个实行伊斯兰教律法太新了，没有先例，没有传统。如果研究这个地方的档案就会发现，现在实行的一些伊斯兰教律法的内容，实际上是有一定的根源的，至少有半个世纪的历史。这个实际上是有一个长期的、更长的一段历史，是亚齐省跟以雅加达为中心的中央之间一个长期的对立。在半个世纪以前，20世纪50~60年代这段时间，亚齐省的分裂活动并不是一个民族分裂运动，而是要实行一个叫作达瓦的伊斯兰的计划，这个计划就是要在亚齐省实行伊斯兰教法。1960年初，当印尼中央终于结束达瓦运动之后，印尼中央就在亚齐设立了一种制度，最终使亚齐省渐渐地纳入整个印度尼西亚国家体系。

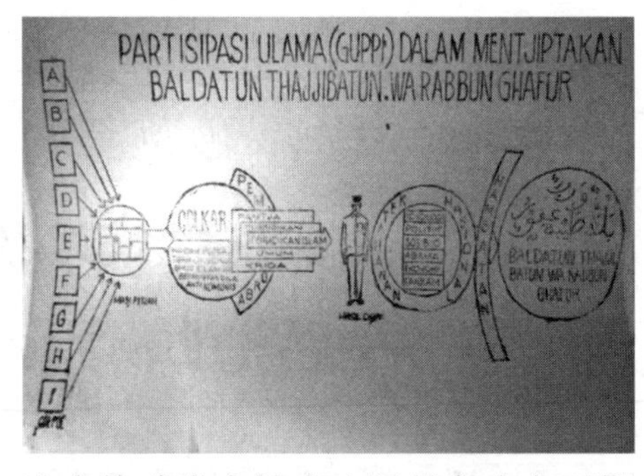

这幅图(右图)可能是1971年制作的,这幅图非常明确地、直观地表达了当时印尼的中央计划。这个图的内容大致是这样:它上面都是印尼语,中间这个人形叫乌拉玛,是伊斯兰的一个学者领袖,乌拉玛委员会,它实际上是一个地方委员会;它的左边就是当时印度尼西亚唯一的执政党,这个执政党在社会生活的各个方面提出它的计划和价值,包括政治经济甚至法律、权利之类的。然后,由地方的乌拉玛将它转化成各个方面都符合伊斯兰教价值的一些社会计划。这个计划,它产生的后果就是在70~80年代产生了一批技术官僚。这些技术官僚一方面认同国家主义的发展计划,另一方面又认同伊斯兰教复兴的改革主义的想法,这个想法包括伊斯兰教的律法,又包括人们在日常生活中道德水准的进化等。当然,这个计划它成功地解决了在之前的亚齐的分裂计划,但是在这个计划的运行过程中又出现了新的亚齐的独立运动,就是后来形成的自由亚齐运动。但它的说法不再是前面的那些伊斯兰教律法,而是亚齐地方上应该对于油气的利润获得更多的分成这样的一个方案。

在亚齐国家计划形成的乌拉玛图计划的观点就是:一方面是专家政治,一方面是伊斯兰教的价值。这个想法并不是从亚齐产生的,而是最早在爪哇省的这一代产生的。比如说以这个清真寺(右图)为例,这个清真寺就在爪哇的万隆。一方面进行技术教育,另一方面实行伊斯兰教法的教育。我们看这个清真寺的形象,它是一个非常赤裸裸的现代主义的一个技术化的表达。它表达的意思是说:通过改革伊斯兰教价值,使伊斯兰教价值最终符合当代国家发展主义的说法,会促进整个社会的现代化。自由亚齐运动到了90年代中前期都是非常有力量的,印尼政府用很强的军事力量去压制它,但是到90年代末期,国家发现自己根本做不到,所以就在1999年推进了被称为“全方位的改革计划”来解决这个问题。

国家层面,那些刚才说的技术学校,像万隆技术学校产生的达瓦模式,一方面是技术现代化,一方面是伊斯兰教价值。这些人支持亚齐省的地方宗教领袖来推行达瓦计划,他们认为这种全方位的改革计划会最终消灭自由亚齐运动这种分裂主义倾向。1999年通过的高度自治的中央授权法案,使亚齐省自己可以通过各种各样可以实行伊斯兰律法的法律,这个法律只在亚齐省生效。这个法案的框架就是亚齐省通用的这些法案,不仅能够在宗教方面将对亚齐省伊斯兰教律法化,而且在社会生活方面也通过了一些重要的法律。像这三个重要的法律,就是来惩罚那些道德上错误的行为,包括饮酒、赌博,包括私自幽会(就是男女陌生人之间干这种幽会行为,这也是不对的,是一种罪过,一个刑事罪)。

不仅这些价值和这些法律通过了,同时也生产了机构来实行这些法律,包括这四个:乌拉玛委员会、伊斯兰法庭、宗教机构和警察。类似这四个这样的机构以及他们的计划,很显然被他们公开地讲,说我们要全方位地改造亚齐社会,而且并不是仅仅回到亚齐的过去而是通向未来的一个社会计划,可以称为社会工程。我最近出版了一本书,它的内容就是研究伊斯兰律法在实行过程中所表达的对未来的憧憬以及为了实现这个未来的憧憬所做的一些事情。其中一个设计者跟我直截了当地说,他们现在所做到的事情跟他们想象当中的世界还差得很远。尤其是在1999年到2004年这段时间,基本上是没有太大实际的经验上的影响的,只不过就是有一些文件出现了,有一些机构创造了而已,没有什么受到影响。

真正的变化来自2004年12月的印度洋大海啸,亚齐大量沿海的村庄的共同体被冲毁。很多地方都像这样(右图),就是什么东西都没有了,只有清真寺在那儿。很多地方因为只剩下清真寺,所以海啸过后,很多人都在讲原来我们现在就可以看到伊斯兰教的这个大图形,因为只有清真寺留下来了。这种说法渐渐被很多亚齐共同体和村庄所接受,原来伊斯兰教是可以最终解决亚齐省所面临的种种问题的。

不光是宗教图形,其他方面的变化也导致伊斯兰律法的复兴。其中一个因素就是海啸过后,亚齐省的首脑都认识到,我们应该更重视的事情是和平。所以,2005 年通过了和平协议,形成了后来十几年的和平时代。这种和平也导致了灾后重建的国际力量大量地涌入亚齐省,重建这个社会。这些救灾和灾后重建的组织,不仅来自于比较透明的西方,也来自于很多亚洲的国家,包括土耳其,包括海湾国家,包括中国,还包括其他一些地方。各种各样的组织都有不同的计划和想法,但是大家共同的认识是:这场大灾害使亚齐可以真正地彻底地进行社会重建。所以说,2005 年以来的那个亚齐是完全重建,重建的更好,也就是说不仅是要回到亚齐的过去,而且需要把亚齐建设得比过去更好。这些完全重建计划包括各个方面,有工业上的重建,有意识形态的重建,比如说更多的正义,甚至于有关于性别、人权这方面大量的东西,都是一些西方的价值。除却这些西方价值之外,伊斯兰世界中的法律专家也参与这种重建,也认为可以对亚齐进行法律上的重建。法律重建的意思就是说,没有把伊斯兰教视为现代化发展主义的反面,而是认为它是有利于现代化和发展主义的东西。所以在海啸之前那几年构建起的那些法律,只在文件中出现的那些法律,突然一下子变得非常之重要,也产生了更深的影响,它的结构和它的积极性都有很深的变化。过去没有太大影响的乌拉玛这个伊斯兰学者委员会,它们现在就有更强的力量来用很有限的甚至是狭窄的一些价值来更大地影响亚齐的社会。因为亚齐社会很多的伊斯兰教义是很地方化的,大家都不一样。我们看到这个漫画(右图)上面,他们很强的宣传攻势之一就是老辈那种很虔诚的伊斯兰教徒看到原来各个地方的教法都不一样,实际上有点像魔鬼一样戕害了那些年轻的伊斯兰教徒,所以要把他们收归成统一的教育方式。

更大的组织、更大的机构，像法院，伊斯兰教法院（左图）也变得更加重要了。刚开始在海啸之前，都是很一般的小矮房子。现在变得如此之重大，如此之有影响，整个的建筑也变得非常的辉煌。亚齐省的伊斯兰教法叫 Shari'a，伊斯兰教法的组织也变得更有影响，它的宣传到处都是。比如说他们把这种宣传叫作社会化，但在亚齐省的整个环境中，实际上就是要把伊斯兰教的价值推行出来。宣传的教育包括各个方面，其教育内容是为了把亚齐省建得更伊斯兰化，因为伊斯兰化可以更好地接受未来的发展主义的挑战。这一系列的东西刚开始都在起作用，后来到 2004 年逐渐开始起作用的东西叫作达瓦体系。这个达瓦体系，不仅一方面去拥抱或迎接通过科学与技术来实现发展主义的目的，而且还强调人们的道德生活和对伊斯兰教教义的认可和接受，包括各方面的宣传，包括比如如何穿衣才是符合伊斯兰价值的穿衣方式这样的宣传。那么，来推行伊斯兰价值的伊斯兰教法机构就放在了 Shari'a 警察这种机构上面。他们这个伊斯兰教警察，认为自己有一个道德教育的功能，可以使亚齐变得更有秩序，更符合伊斯兰教。但是，不同意这种警察存在的人认为，这些警察本身才是社会的问题。伊斯兰教法警察，既有男警察又有女警察，他们就变成了推行伊斯兰教法的符号。

今天，要特别讲的就是这些伊斯兰教法警察（右图）在公众中的形象和对他们的评判跟讲法。当 Shari'a 法律体系在推行的同时，还有另外一个体系在快速增长，这使我们很多人都没法再跟 Shari'a 体系联系在一起，那就是在亚齐省不断推行的新闻自由。今天我要特别讲的就是 Shari'a 法律在不断地收紧、不断地加强管理亚齐省的同时，公众领域是如何看待 Shari'a 的？因为从 1998 年苏哈特倒台之后，很多对新闻的管制开始放开,出现了很多新的报纸跟出版物,在 2004 年到 2010 年期间尤为多。

Metro Obis
Obrolan Lintas Selebritis
Jadi Fantasi Seks 50 Cent
Metro Aceh 5

Metro Aceh
aspirasi
0852 6050 9999
Pakaian Ketat Haram Masuk Aceh

Miyabi Stres Dilarang ke Indonesia
Metro Aceh 5
Asyik Jadi Janda
Anang Absen Lagi
Mendadak Angkuh

我就讲一个报纸上的内容。我要说的这个报纸,既不是官方的,也不是学术的,甚至不是中产阶级的,而是最底层出产的的一个小报。这个叫作《都市亚齐》的报纸(右图)是 2005 年出现的,它的目标读者就是那些比较低层的中产阶级,它的封面经常就是名人丑闻、毒品之类的东西。实际上,这种报纸是自从新闻解禁之后出现的第一种报纸。即使是他们的编辑部,都说他们这个报纸是一个很庸俗的报纸。这个五页的报纸,前四页全是关于名人的丑闻的,如他们今天恋爱了,明天又不恋爱了什么之类的话。封面经常(右上图)就会有这样一个搔首弄姿的美女在上面。这里边不仅讲当地的名人丑闻,也讲世界名人的丑闻。我们无法想象它是在实行伊斯兰教律法的省份出现的报纸。一方面,Shari'a 律法要求亚齐省的女性都必须穿得像伊斯兰教的形象;另一方面,这个报纸上全都是那些头发乱飘的、上身穿得很少的美女形象,甚至包括不允许进入印尼的日本的旅游的形象都会有,包括这个,比如它的标题就说作为寡妇很快乐。报纸的左边(右图下)就是刚才说的那些东西,右边(右图上)就是叫作启发或是要说的一些闪光点的话,实际上就是过去的那种论坛,编者接受读者来信,现在这些报纸不再印读者来信了,印的是读者发来的短信。它们这一版基本上是不经过什么编辑的,有这么一个号码,大家都可以向这个号码发短信,发完短信之后,基本上它每天接受短信直到它的那个硬盘装不下了,然后就把前面的一些扔在上面发表。只有两项是编辑部要控制的:一个就是里边不能有个人信息,这

会导致受到法律诉讼，个人信息是隐私；另外一个就是要保证不能有一些种族主义言论，这是国家法律所不允许的。右图左右两栏，最左和最右两栏，实际上内容就是去找对象，左边是男的，右边是女的，但是它用的这个男、女的这个词并不是真正的印度尼西亚的普通话而是雅加达的一些反潮流、反派型的人说的那些俚语所表达的男性跟女性的这两个词。有些内容，实际上即使是在欧洲也没办法发表，非常露骨的言语，比如，现在讲的这张报纸上的一位35岁的寡妇所发的短信，她最后的一句话是说："我保证会满足你。"那么，在左、右两个极端的两栏的中间的这些东西，实际上是随便谈的一些内容，公开的、不设主题的短信，我在这里发现了在印尼所有的报纸上和媒体上看不到的关于 Shari'a 伊斯兰教律法的最公开、最活跃的讨论。

关于短信讨论政治的研究，实际上是种全世界的现象，关于这方面的社会背景研究也有一些。有的人认为短信参与或是新媒体的这种参与，成为一种全新的互动形式，是以前没有出现过的。最早的新媒体形式参政的事件发生在2001年菲律宾总统埃斯特拉达通过新媒体的形式——短信的方式，被赶下台的事件。当时菲律宾的学者就已经提出来，这个新媒体所带来的是菲律宾中产阶级意愿表达的多样性状态，而不是像过去所说的各种争议最后只有一种声音。印尼的亚齐省，我研究的这个报纸的形象，出现的是一个更复杂的形象，就是说不仅像短信那样人对人的这种非中央化的信息传播方式，而且这种传播方式在亚齐省的报纸上出现，是被传统媒体重新盗用，成为一种把一个人对人的非中心化的数字传播方式变成了一种发表这种传播方式的载体。以前我研究的是正式的伊斯兰教律法，而现在我感兴趣的事情是，原来政治的伊斯兰教律法实际上在社会上是有讨论空间的。

读了好几个月发表的短信，发现原来很多短信实际上是跟伊斯兰教律法的讨论有关的。令我更震惊的是，这些讨论没有一个结论，就是说不知道到底 Shari'a 这个伊斯兰律法要干什么事情，不干什么事情，大家争执不下。举个例子,比如说一个短信告诉 Shari'a 警察要去哪儿去抓那些幽会男女,再过五六行之后,又有一个短信会说:"Shari'a 警察,你们这些伪善的人,别人的事,你们管不着。"所以,这个问题带来的就是,在正式的体制中是如何推行 Shari'a 律法的,但同时又在公众的领域中是如何去争论这个问题的。

有的人认为亚齐省还是印尼的一部分,所以我们没必要用 Shari'a 的警察使亚齐省变得更伊斯兰化,这些都是我们的私事。我们现在看到的是一个伊斯兰教权威的发展,过去是由领袖或者是警察来管人们的道德的行为,而现在是这些公民自己说我们自己决定我们的道德,而且我们可以对警察的道德进行评判。有些短信的内容,实际上是这些 Shari'a 警察自己触犯了伊斯兰教律法,不是说点谁的名,而是说有的警察他们在喝酒,他们在赌博。那么,这时候看到伊斯兰教的道德、权威到底在哪儿?是在国家所认可的机构中?还是在普通民众中?

这种评论跟争论渐渐形成了一种对抗性的反对积极分子的观点,比如这一条:

You in the State Shari'a Agency 'raid' (*razia*) others because of Islam, but I am surprised, have you ever 'raided' your own heart, your own words, or even your own sincerity with regard to the Shari'a.

实际上是在挑战亚齐省最高的立法机构。这一条里面表达的是零碎主义的对于法律的观点。同样的,还有跟零碎主义观点完全相反的观点,出现在同样的这一页中是支持警方的。

THE SHARI'A VIOLATED BY OFFICIALS

... Lots of local officials violate the Shari'a. We often see them going to motels during working hours and flirting with other men's wives. The WH do the same – putting on airs of religious learning while they are actually even more of a problem than civil servants.

这种观点就认为,各顾各的道德行为的做法是不对的,还是需要一个道德权威。这个建议是说,让这些警察到底去哪儿去抓那些违法的事情。这样一个低端的街头小报,竟然有这样非常开放的批评的这种话语的形成。我们看到不仅是在第六页中,大家在谈正义的问题,而且也在讲国家它在实行非族正义中,它的权威的问题。这里会使我们更理解关于伊斯兰教律法的复杂的社会背景，不是简单地从国家公开的所述的角度中去谈伊斯兰教律法所实施的情况。

我的观点就是看这个被边缘化的、很底层的报纸这样的内容，不仅可以认识微小的动态，而且让我们更多地认识了关于当代伊斯兰生活的道德问题各种各样讨论观点的存在。所以我希望将来能够会有更多这样的研究，去重视不太被重视的领域，来认识伊斯兰世界中关于什么是好的伊斯兰讨论的多样性。谢谢！

评议与讨论

潘蛟：今天，我们就接着来做这场讨论。首先，谢谢麦克教授给我们这样一个比较精彩的讲演。我比较喜欢这个讲演，对我来说，这是一个新的问题。以前我们对伊斯兰教法不是太了解，但是，这个讲演让我们看到了很多问题，在现代国家中伊斯兰教法怎么来推行？它的可行性的问题在里面。

讲座从一开始谈到教法，我还想谈一谈我主观的一个感觉。我感觉这个教法和现代的城市生活或有些现代国家的一些基本的设置有一些不能合拍的地方，尤其是这个城市生活。我一个主观的想象是，这个教法可能永远作为一个理想来让我们经常依据它来要求我们的现实，来在现实中构成一些抵制、支配的东西。是不是有这样的含义在里面？

麦克·费勒：非常感谢你提出这两个问题，这两个实际上是现在争论最多的、最热的两个问题。第一个问题就是伊斯兰教律法和国家的关系，这在法律思想史上的研究中是一个重要的问题；另外一个就是 Shari'a 法和城市之间的关系，这在人类学的领域中也是一个争论非常多的一个问题。

第一个问题之所以重要，是因为有一个世界上非常著名的伊斯兰法律思想专家阿拉克，这个人是在哥伦比亚大学任教，他曾经写过一本关于前现代 Shari'a 法律的道德层面的研究。根据他的研究，实际上，在前现代的 Shari'a 法律的实行是通过乌拉玛，就是伊斯兰学者委员会这样的组织来实现它的道德权威的。那这种乌拉玛，在前现代社会中是基本上跟国家分离的一种操作方式。在现代社会中，乌拉玛伊斯兰学者这个阶层就被国家所消解了，所吸收了，不能够再独立。所以说，他的这种看法就是以国家的强力来推行伊斯兰教律法,实际上是无法成功的。而他的这种看法有很多的争议,他曾经写过一篇文章就是可不可以让 Shari'a 再复兴,但是他的答案写的是不会的。但是反对他的人认为,他之所以得出这样的结论,是因为他的 Shari'a 观点是把 Shari'a 定义成一个中世纪的观点,而没有看到 Shari'a 在现代化的过程中所发生的变化。反对他的人基本上来自社会科学界,而他自己则来自法律思想史和哲学界。反对他的人认为,你不能把 Shari'a 看成从中世纪一直活下来的一个遗物,而是要看它如何经过自己不断的转变来适应现代的社会。所以,我自己研究的问题不应该是 Shari'a 律法在亚齐是怎么实行的,而是要研究亚齐的人是如何看待 Shari'a 律法的。

第二个看法,Shari'a 跟城市的关系。Shari'a 是属于农村的,也有很多人认为在城市地区。城市地区是一个世俗化的、现代性的地方,这种看法主要是来自土耳其的一些学者,他们的观察也是基于对土耳其的观察,当然这是受到涂尔干这一派的影响。当我们从社会学的概念中走向民族志的时候,我们发现,实际上,在亚齐的一个情况,从它的经验层面上我们看到,正是在城市空间中才在实行 Shari'a 的律法。尤其亚齐北部这些城市化比较高的那些商业的城镇,在这些地方,Shari'a 律法的力量才是很强的。而在亚齐省的农村地区 Shari'a 律法的实施反而没有那么强。原因有两个方面,第一个方面是实行达瓦模式的这些专家、政客、技术官僚,他们都是在大学里教育这些城市人,他们想象的这个世界也是一种城市的世界。也就是说,那个时候亚齐的这些精英所想的 Shari'a 律法的世界有点像我们的屋子一样,大家都是在城市里待的一些中产阶级,而对于亚齐省的普通人的日常生活的需要关心得则没有那么多。在亚齐,如果你到城市里边,你看那些女性都把头包得特别紧,下面有一个钉把它别起来。而你要到农村中,会看到这些女性她们穿的衣服比较随意,头上戴的头巾也没有那么紧。另外一个原因是制度上的,就是说律法的警察,实际上他们是很有限的,他们的开支也有限,他们只能管好城市,管不了农村。农村实际上是由一些长老来管事的,不是城市的那些官来管的。

学生提问:我觉得,你的这个论文没有考虑到印度尼西亚的宏观的形势。亚齐是一个旅游的区域,旅游业中色情业发达,他们这个地方信仰伊斯兰教的人面临着三个很大的问题。

第一个问题是旅游带来的。因为亚齐是一个旅游的天堂,那里有非常廉价的毒品，色情业特别发达，这给本区域的人带来了挑战。你的这个论文中，对犯罪率没有提到。国家面临的犯罪方面的问题，这个区域面有很大的问题。当那个地方，人们的价值观受到挑战的时候，其实它那个 Shari'a 不叫 Shari'a，它就是为了保护它的价值观。如果一个人把西装脱掉穿上一个白衣服，难道说它是伊斯兰化吗？或者某一个人穿的是白衣服，然后穿上了西装，难道就是现代化吗？它不是。Shari'a 只是一个价值观的问题，我是这样认为的。

因为我在那个地方住过，我去过那个地方，我非常熟悉那个地方。那个地方所谓的警察，抓的也就是在沙滩上或是海滩上或是在树下面做爱的人，他们是这样的一个情况。所以，在他们那个区域，国家要推行旅游业的时候，他们就遇到了这样的问题。这时候，那个地方的所谓的学者推行了这样一个问题，他们那个警察也是保护他们那个小村庄的。

其实，他们所谓的那个教法法庭只处理几件事情。第一件事情就是处理穆斯林结婚事务的；第二件是穆斯林的遗产事务，它之所以有其他的人，是由人家国家的法律裁定的。刚才我说的，你的这个论文，必须要把这个区域的犯罪率提上。如果对犯罪率做个比较的话，这样你这个论文就会更加客观，更加公正，更加公允。

麦克·费勒：我很想去你说的那个亚齐的那个部分。我在过去十年中，每个月都会在亚齐待一个星期。我想在印尼的其他部分也存在毒品和色情业的问题。那么，在亚齐省，至少这不是 Shari'a（教法）复兴的一个主要的原因。而且在 Shari'a 法庭审判的案例中，对于毒品和色情业的审判是非常之少的。我去过亚齐省的所有的 Shari'a 法庭，去收集他们犯罪率的数据，所以，我是有这个犯罪率数据的。那么，除了离婚和财产继承之外，所有犯罪的数据是只占他们整个国家犯罪案件的 2%，其中 2005 年只有 107 件，这绝对是非常之少的。其中 20 件是饮酒的，79 件是关于私自幽会的，而这个数据不断地在下降，到了 2007 年一共只有 75 件，到了 2008 年只有 50 件，从那之后就再也没有超过 2005 年的一半以上，也就是说这个犯罪率非常之低。最有意思的是，把亚齐省的犯罪率说得很夸张的这个说法，实际上是乌拉玛委员会所说的一种修辞方式，而实际在法庭上看到的犯罪的案件是非常之少。

学生提问：谢谢麦克教授，应该说麦克教授把我们对伊斯兰文化的认识，从中东阿拉伯地区引向印度尼西亚,这个视角我们感觉很新鲜,也确实很受启发。因为对于穆斯林世界来讲,今天的印度尼西亚实际是穆斯林人口最多的一个国家,将近两亿人。那么,刚才麦克教授讲的这样一种情况,包括他从小报中所看到的这种情况,如果把它放在印度尼西亚伊斯兰化的历史过程来看,也许大家可能更能够理解。当然这个我也是跟麦克教授来商榷。

实际上,印度尼西亚虽然是穆斯林人口最多的一个国家,但相对来讲,伊斯兰教真正大规模地传入印度尼西亚差不多是 11 世纪,11 世纪才出现这种状况。在这之前,它是通过商人传进来的,就是这条海上的丝绸之路。最早的海上丝绸之路在唐宋时期,那时阿拉伯人和中国的贸易是最发达的。但是,曾经有一段时期,印度尼西亚成为最繁盛的地区。有人包括有的学者也谈这个问题的时候就谈到,当时在广州黄巢起义的时候,出现了屠杀外国商人的事件,而当时的外国商人最主要的是阿拉伯商人,就是从阿拔斯王朝这些地方来的商人。所以,这样使得它从这条商路过来的时候,更多地停留在印度尼西亚,这也是印度尼西亚伊斯兰繁盛的原因之一,这当然是一种观点。

但是,它真正地实现了印度尼西亚的伊斯兰化,完成这个过程,已经到了 17 世纪。但是,伊斯兰教在印度尼西亚,它是在这样一种多元文化中。我们知道,印度尼西亚历史上包括本土宗教包括印度教,它都曾经很兴盛的,但是,应该说它后来还是实现了绝大部分地区的伊斯兰化,可是伊斯兰教在这个国家地位和传统的中东地区、阿拉伯地区的政教合一的这种情况还是不完全一样的。

直到 1945 年印度尼西亚帝国的时候,它虽然把伊斯兰教作为印度尼西亚重要的立法依据,但是它只是五大原则之一,它始终不是唯一的。所以,我们就看到了印度尼西亚它的(独特的)伊斯兰教。刚才你谈到的这个 Sharï'a,其实它在本国的地位始终没有像中东、阿拉伯地区那样处于那样一种地位。所以,从这个角度讲,麦克教授说的这样的一种情况——人们对它这种质疑、它的地位,是否应该把它放到历史的框架里,我们可以从这个角度来探讨它的时候,可能更容易理解。好,谢谢!

麦克·费勒:非常感谢你的这个评议。在我这个星期的讲座中,不管我讲什么东西,和什么人谈,大家很多人都会跟我谈到黄巢起义的事。有意思的事情就是,在 13 世纪,阿拔斯王朝沦落之后,他的一个重要的贵族家族在

13 世纪末期移民到这个叫帕萨恩的地方,就是在亚齐省。而当地印度教的国王非常欢迎他们,不仅是欢迎他们,而且在 1297 年他自己也改信了伊斯兰教,建立了亚洲第一个苏丹王朝。现在可以看到几百幅当时留下来的伊斯兰教的墓碑。从墓碑中可以看出,当时就已经实行了不少伊斯兰教的法律体系,包括印度默克尔王朝,包括开罗,可以说伊斯兰教的治理体系在那时候就在亚齐生根了。相反,像伊斯坦布尔这样的地方,是在此之后的两个世纪才成为一个伊斯兰教国家的。你的问题是强大的奥斯曼帝国为什么是晚起的而这边早就有了。这对我来讲是个大问题,我现在在写这样的书,可能一两年后我再回来解答。

(李修贤整理)

福建惠东女长住娘家习俗成因新解

主讲人:石奕龙(厦门大学人类研究所教授)

主持人:潘蛟(中央民族大学民族学与社会学学院教授)

我这次讲座主要是给惠东女长住娘家习俗成因以新的解释。首先我们来了解一下惠东的大体情况。这是现在划分的,以前是有六七个乡镇。惠东指惠安东部,惠安可以分为东部、西部、北部、南部,北部是属于泉港区,是泉州另开的区域。惠东是面向大海,在泉州湾内的。惠东女这个称谓现在有一些鄙视的意味。有一句话是这样形容惠东女的穿着服饰的:“封建头、民主肚、节约衫、浪费裤”。封建头就是说她们的头一年四季是要包头巾的。“民主肚”是指肚脐是露出来的,节约衫是说衣服比较短。裤子是宽宽的裤子。在1949年之前,惠东女所穿着的服装跟现在是不太一样的,现代的衣服要偏短一些,更加开放一些。早期的上衣是盖过腰的,而现在的上衣才是露着肚脐的,这是人为改造的。对比起来过去的衣服要比现在长了十公分以上。并且早期的衣服银饰要多一些,也更加繁复。所用的布是用荔枝木烧水染制出来的,并要敲打致亮,颜色多为猪肝色或黑色。所以我们在研究过去的东西的时候,最好要找到原来的实物,因为现在的很多东西都是与先前不符的,会造成很大的偏差。所以刚才我们讲“封建头、民主肚、节约衫、浪费裤”是现在人所塑造的惠东女的服饰。那么为什么是这样的?1958年的时候,惠安修了一个水库,因为劳动力全是妇女,所以叫做惠女水库。惠东女服饰中的黄斗笠就是在这个时候出现的。因为那个时候大家都会戴斗笠,最开始的时候斗笠是原色的,比较灰暗。某天突然有一个人把斗笠染成了黄色,因为十分醒目,所以大家都跟随着把斗笠染成了黄色。如果从服饰来看,惠东南部的服饰比较沉稳、淡雅,头巾以蓝、绿、白为底色,或蓝、绿底白碎花,或白底绿碎花,只有一点点红色,并挂饰塑料花。现趋向灰色,布丝绸,比过去大。斗笠有弧度,斗部亦然,并装饰倒三角的暗红油纸。就上衣来说,冬以湖蓝、黑色为主,夏天以白、白绿或蓝相间或相嵌。下摆斧形,较宽。裤子均为黑色。惠东北部的服饰较为明快、跳跃、鲜艳。头巾过去主要是浅黄、红、白等,现则是各种红色、其他颜色碎花。斗笠是平的,斗部斜直,全是黄色。对于上衣来说,原来冬季主要是以蓝、绿为主,红色线背心;夏季主要是以白、浅黄、浅绿、粉红等为主,没有相缀的衣服。现在夏季以白色和粉蓝为主,短而收缩。裤子则为黑色与湖蓝色。

惠东女是非常勤劳的。基本上惠东女的肩膀很硬,石头全部是女人扛的,男人是不会做的。男人的手臂很硬,因为他们很多都是工匠。男人们是很鄙视有男人挑尿桶出去的,有些男人因为老婆病了,没办法,就会在早上没有人的时候偷偷地挑出去,否则被人看见是抬不起头来的。并且惠东女劳作的时候很会从力学的角度想办法,她们在抬石料的时候会两两肩膀靠在一起,形成一个三角形支柱,走起路来就会比较稳固。在上礼的时候,大家就会穿得比较一致。这种蓝底带白点的头巾就形成了礼服性质的东西。在惠东,不论男女都会有“做堆”的习俗,即结拜兄弟姐妹。虽然实际上是结拜,但是在上礼的时候都会出现。中国人上礼就是看孝子多广。上礼的人越多,孝子就越多,就是多子多福。女性也是一样的,某人家中有事的时候,她的“做堆”都是会来的。如果是孝子的话,孝子的结拜兄弟里面穿的衣服是相同的。2006 年之后,惠东女的头巾由原来的 2 尺变成了 2 尺 4 见方,由于比较长,所以就卷起来戴,于是就有人将其误以为是回族,其实不是这样的。现在年轻的女孩子是没有穿惠东女的传统服饰的,只有老辈的人还在穿。由于惠东女服饰特别,于是引来很多人来惠东采风,于是就有很多人特别穿着传统服饰供人拍照,这就是表演性的展示了。而且很多服装都是被人旅游商品化了,所以我们之前讲到的上衣变得越来越短就是商品化的缘故,这样更迎合许多时髦女性的口味。这样的服装如果叫当地人来穿的话,可能她们还是会抵触的。那么为什么说惠女的服饰主要是在 50 年代形成的?我们曾经在那边调查的时候了解到,有些人在 1950 年左右被台湾人抓走了,这些人回来看到自己本村人的服饰的时候是十分陌生的。另外现在的衣服为什么会这么短?这是跟银裤链相关的。早期惠东女的服饰是没有这个银裤链的,银裤链是由厦门地区的男性在海上使用的。这些渔民本来是用布腰带的,但是在海上捕鱼的时候由于使用的船比较小,于是布腰带经常被打湿,后来他们看到厦门的渔民使用的银裤链,这种金属质地的东西甩一甩就干了,于是就把它学过来了。后来到了50年代,男性开始穿西裤,所以皮带就代替了银裤链。妇女原来没有用的,现在就把男性剩下的银裤链拿过来用,而且银裤链亮闪闪的,又起到了装饰的作用。既然是装饰,就希望别人能够看到,于是就把衣服越做越短,虽然没有短到现在的露肚脐的高度,但是走起路来银裤链也是隐隐可以看到的。头巾部分现在是在下巴的地方缝起来的。原来都是四方巾包起来的,后来很多惠东女到铁路上做工,因为夏天太热,所以人们改用薄花布,后来就逐渐流行开来。真正的保持原样的就是裤子。因为是宽裤,所以做工可能会更加方便,当然这也只是猜测。所以现在我们看到的惠东女的服饰都是50年代之后形成的。接下来我们了解一下生活环境。首先是在大海边,主要是旱地、盐碱地为主,缺水,风沙大。东南季风直接吹向泉州湾北岸,但是很少有天然港湾。所以北岸的渔村,多需要人工建立港湾,如崇武、大岞、前垵等,这样你自己的船才可以停靠在里面。曾经有过明代的记载,泉州湾里面有一个小岛,有一只军船夏天的时候要停靠在北岸,冬天要停到南岸才可以避风。从崇武城看向远远的大岞村,那里的沙滩都是斜的,因为浪很大。对于当地人来说,这个沙滩是十分肮脏的。因为沙滩是斜的,浪又很大,所以一不小心就会掉到海里去,他们自己要游泳的话都不会来这里的。海滩上会有很多阴庙,也叫鬼庙,用来供奉从海里捡出来的骨头。在小岞村,人们归港后,都要把船扛到岸上来。如果放到海上面,第二天早上起来你的船就不见了,因为浪很大。翻在沙滩上也可以作为帐篷来使用。

在我们了解了惠东女的基本情况后,现在开始介绍惠东女长住娘家的习俗。在婚礼的前半部分,惠东女跟崇武城内的习俗是大体相同的,比如说媒、提生月,提生月就是交换两个人的生辰八字,还有压定。压定在福建是十分常见的,就是把女方的八字拿到男方去,并压放在神佛的香炉下面三天。家内如果没有出现类似于打破碗、丢鸡这种小事情的话,那么这两个人的婚事才可能是圆满的,否则就是很不吉利的,就会中断。合婚是去问算命先生两人的八字是否相合,最后还要问神,即向神明请示。订婚后会有送订、送帖、分丸、合床、滚铺、开铰剪等习俗。合床是指结婚前床的位置是不能随意摆放的,需要有专门的人来指导安置。传统的婚床床边都会有一个马桶,马桶的位置是非常重要的,民间说只有不会生孩子的人才会移动马桶的位置。所以原来在结婚时,很多人会在马桶里放一些鸡蛋或柑子,这些物品是象征生子的。然后会请个属龙小男孩来滚铺,以求生个男孩子。结婚的过程主要是上头、过门、闹新房、返厝、探井、落灶脚等。在我们现在看到的所谓的传统婚姻里,人们所熟悉的是一拜天地、二拜高堂、夫妻对拜等。但实际上原来的人们是不会在结婚的当天拜新郎的父母亲的。因为新媳妇刚进门的时候是没有吃过夫家的饭的,这个时候让新娘子见夫家的人是不吉利的。因此这个时候拜的是祖先而非高堂。结婚三天之后,吃过夫家的东西,填了“虎口”,才会拜见父母双亲。第四天就要回娘家,并且当天就要回来,此称“大重行”。第五天早又回娘家,住三两天返夫家,称“小重行”;住夫家一二天后就开始返娘家长住,直到生头生子,才住进夫家。一般按规定来说,像春节、清明、七月半、冬至这样较大的节日应该到夫家去,但是实际上惠东女只有在春节与农忙时才回夫家。因为惠东女十分勤劳,并且当地的农田并不多,因此即使是做农活,一天也已经足够。春节是一定要回到夫家的,否则就预示着夫妻二人感情的破裂。结婚当天有一象征性的行为,即新人会将一个象征生孩子的泥偶的头弄断,与背孩子的背带一起扔床下,表示不愿早生孩子。新郎要捡回,放于床上的抽屉中。女孩子在二十三四岁的时候就会更多地到夫家去居住,如果去的次数多,怀孕的可能性就会更高一些。如果在二十七八岁还没有生孩子的话,就会抱养一个孩子,然后就名正言顺地住到夫家去。

过去我们在研究的时候会将长住娘家与不落夫家混为一谈,但是后来发现这样是不对的。虽然很多惠东女把她们的长住娘家称之为不落夫家,但其实只是指这段特定的时期。不落夫家现在是应该被区别开来的。不落夫家实际上是指广东省内的顺德、番禺、南海、中山、广州等地,这些地方不落夫家被称为“买门口”。结婚之后女方是从来不住到夫家去的,只有在死后才会上夫家的牌位。因为在传统中国社会,如果这个女人没有嫁过人的话,是没有正当的身份的。所以我们会见到好多庙宇里会有一些夭折的小女孩的牌位,但这只是有钱人家才可以做到的,因为你要出钱请和尚供奉。那么夫家的传宗接代怎么办?所以女方会给男方买一个妾,由妾来生孩子,也就是说明媒正娶的老婆是没有孩子的。这些妾要么是客家人,要么是疍民这样地位稍低一些的。那么她们是哪里来的钱呢?当时广府流行缫丝业,这就需要大量的女工,所以她们都是到缫丝厂去做女工,于是就挣了一些钱。但是有些人也会嫌麻烦,还要买妾等等,于是就出现了这样一种情况,有些女性会找一个临死的或已死的没有妻子的男人,将自己"嫁"过去,以便将名字写于夫家的牌位上。还有一种情况是自梳女,也就是不结婚,自己找个日子梳起头髻,表示自己已经结婚,然后建一个专门的房子,称之为"姑婆屋"。但是死后没人供奉怎么办?于是她们就会收养女孩子,死后捐些钱将牌位放到庙宇里,或放在姑婆屋由养女供奉。

长住娘家我们讲是和不落夫家不同的。长住娘家只是在结婚后到生孩子这段时间内不住夫家,但是孩子是一定要生的。出嫁的女儿可以在娘家死,但是不能在娘家生夫家的孩子,所以生孩子的时候,就要把人赶回夫家去,不然就把你家的生气就会拔走了。所以在广东那边有很多人叫路生的,因为是在赶回夫家的路上生的。

长住娘家的习俗的成因在过去有这样三种观点:第一个是遗俗论,第二个是与疍民互动论,第三个是功能论。遗俗论者的主要观点是认为长住娘家风俗源于母系制向父系制的过渡时期,而后,在历史的过程中,由福建土著遗留下来。例如林惠祥先生认为:"古时闽越的土著是少数民族,其开化比北方的华夏族为迟,所以闽越地方保存较多古风俗。长住娘家风俗也应是这种由古时遗留下来的古风俗。"至于如何"遗留"下来,林先生只简单说了一句"由于特殊原因,还残存到封建社会"。蒋炳钊先生较详细地阐发了这种风俗如何残存到封建社会的原因,他指出:"惠东的土著是古越族,惠东这种习俗不是从外地移入的,而是土著古越族的遗存。"而"自从汉人所带汉文化大量移入后,这里曾出现过它与土著文化的冲突、交融,经历了一个复杂的文化重组过程。当前这里特有的婚俗及妇女服饰就是重组的结果"。庄英章先生也持同样观点,他认为惠东地区原是闽越人的生活空间,汉人进来后,两个族群相互接触,相互采借而使这种风俗遗留下来。居民是闽越族,在此基础上,遗俗论者做了两个假设,其一是在汉人进入这个地区之前,惠东有许多闽越人,其二是闽越族在汉人进入时还保存有长住娘家风俗。然而,上述的假设似乎都不存在。我们知道,福建是闽越族的地盘,在汉武帝的时候曾经建立了一个闽越国,维持了大约九十九年。从考古来看,闽越族的东西偏重在闽江流域,在福建南部也会有一些,但是不多,比如大岞村的文化层就很薄,只有20厘米。我曾经在镇江丹徒发掘过,丹徒断山墩的文化层有4米。文化层也就是过去的垃圾堆，文化层越厚，则活动的时间越长。大岞村的文化层只有20厘米，也就是说人们在这里生活的时间不是很长。还有一个现象是，现在在江苏南部，也就是原来越国的地方，不论在哪里往下挖，你都能挖到一些春秋战国时期的遗存。也就是说，实际上现在的村落的分布跟古时候吴国的村落的分布基本上是一致的。而像我们的闽南地区，虽然也有古代的遗址。但是数量十分有限，不像现在这样密集。说明古越族在这里生活得并不是很久。还有就是，古代的闽越族在汉人进入之前，还保持着长住娘家的风俗。为什么这么讲呢，越人是于越的后裔。但是在勾践的那个时代，是非常鼓励生育的，并且有政策上的支持。《国语·越语》曰："令壮者无取老妇，令老者无取壮妻。女子十七不嫁，其父母有罪；丈夫二十不娶，其父母有罪。将免（娩）者以告，令医者守之。生丈夫，二壶酒，一犬；生女子，二壶酒，一豚。生三人，公与之母；生二人，公与之饩；当室者死，三年释其政；支子死，三月释其政。"韦昭注："犬，阳畜，知择人。豚，主内，阴类也。""当室，适子也。礼，父为适子丧三年。""支子，庶子。"由此可见，于越当时实行的是一夫一妻多妾的嫁娶婚。所以有"当室"与"支子"的区别。而且，于越为了尽快增殖人口，故鼓励早婚多生，生男子奖励象征男性的犬，生女子奖励象征女性的猪。根据此，有人如张荷先生认为吴越"至少在春秋时代起，已经是一夫一妻制了"。秦始皇三十七年巡游南方"上会稽，祭大禹"时，在浙江会稽"立石刻，颂秦德"的会稽刻石中涉及越人婚姻问题的部分云："饰省宣义，有子而嫁，倍死不贞。防隔内外，禁止淫泆，男女絜诚。夫为寄豭，杀之无罪，男秉义程。妻为逃嫁，子不得母，咸化廉清。大治濯俗，天下承风，蒙被休经。皆遵度轨，和安敦勉，莫不顺令。"《史记·索隐》注："豭，牡猪也。言夫淫他室，若寄豭之猪也。"也就是说，为人夫者如在自家之外乱搞，就如同寄在他人家中的公猪。而赘婿，当时中原有之，如始皇"三十三年，发诸尝逋亡人、赘婿、贾人略取陆梁地"即为其例。《史记·集解》注："赘，谓居穷有子，使就其妇家为赘婿"，即男子因穷到女家落户。可见其与寄豭完全不同。所以，在秦代，两者的处理也不相同。如"寄豭，杀之无罪"；如是赘婿，只是"徙谪"，罪不至死。另外后来有些人研究沿海地区的风俗时，提到"又甲家有女，乙家有男，仍委父母，往就之居，与作夫妻，同牢而食。女以嫁，皆缺去前上一齿"。但这是不对的。越人是"有子而嫁"和"妻为逃嫁"，也就是说，这两种行为都是女子把孩子留在夫家而嫁出去，只不过前者是在丈夫过世后改嫁,而后者则是在丈夫仍健在时逃嫁。可见,这种妻子从夫家改嫁、逃嫁而出的情况,是与从妻居婚姻乃至其残余招赘婚的规矩不符的,这两种现象也和从妻居婚姻甚至与招赘婚无关。

接下来是对于对疍民论的辨识。过去的闽越族整个福建都是,在惠东地区,如果这里的人们是闽越族的后裔,有长住娘家的习俗的话,为什么惠南等地没有呢？所以这样是讲不通的。疍民一般来说就是住在小船上面,生活都在水上。《闽杂记》卷九《五帆船》里记载:"兴、泉、漳等处海汊中,有一种船,专运客货与渡人来者,名五帆船。其中妇人名曰白水婆,自相婚配,从不上岸。"道光《厦门志》卷十五《风俗记》:"港之内,或维舟而水处,为人通往来,输货物。浮家泛宅,俗呼五帆。五帆之妇曰白水婆,自相婚嫁。""伶娉女子架橹点篙,持舵上下,如猿猱然,习于水素也。""玉沙坡钓艇,家人妇子长年舟居,趁潮出入,日以为常。十岁童子驾轻舸,鸣榔下饵,掀舞波涛中无怖。计其获利殆视耕倍也。"现在有些人认为疍民的生活就是捕鱼打猎,但实际上他们的工作主要是货运和渡人来往。那么这种工作要在什么地方才有可能性?一定是渡口和码头,只有在这种地方才有人来往和货物运输。捕鱼也是他们的一种生计,但是捕到的鱼多数是拿来卖的,只有卖出去才能换到粮食吃,所以需要在码头这种地方才能与人交易。所以现在有些人将疍民称为渔民是不确切的。宋代乐史《太平寰宇记》卷一〇二《江南东道・泉州・风俗》记载:"白水郎即此州夷户,亦曰游艇子。唐武德八年,都督王义童遣使招抚,使其首领周造陵、细陵等并受骑都尉,令相统摄,不为盗寇。贞观年,始输半课。"这条史料讲的是福州而非泉州。

疍民和渔民并不是一回事。渔户一般是指在陆地上有住宅,他住在岸上,疍民是赤脚的,因为他们在船上生活,由于船并不像陆地那样稳当,所以要岔开腿站立,站久了之后就会变成罗圈腿,并且泛家浮海,家在小船上;渔民有讨海、内杂海、讨小海等不同的方式,有近海、远海捕鱼的区别,而疍民主要是在湾里、江河里捕鱼;渔户兼营农业,而疍民没有农业;渔户的妇女不上船,认为女人是肮脏的,如果出海没有收获,就会怪罪到即将生孩的女人的头上,而疍民的男女老幼都生活在船上;渔民还有其他的行业,而疍民主要是载客、载货、艇仔妹;渔户主要是编户齐民,而疍民被称为贱民,要依附渔、农户;渔民可穿鞋、拖鞋,但疍民不可穿鞋,甚至还要将裤脚挽起。而且双方之间会互相鄙视。所以总体讲,如果惠东有疍民的话,也只是少数,我们知道现在的这种状况,西江有五千多疍民,但与岸上的人的通婚也只有三五个。我之前也对疍民进行过采访,在他们看来,如果女孩子嫁到岸上去,就会被认为是坏女人。即便当地汉人和疍民通婚,由此也形成不了长住娘家的习俗。水居的疍民与汉人极少有通婚关系,如结婚又长住娘家,既违反疍民习惯,也违反汉人习惯,难以成功。这种婚姻无法给双方的家庭带来好处,有的只是遭双方反对和遭人白眼与歧视,而无法让人效法。

第三个是对功能论的辨析。功能理论正确地指出惠东的长住娘家婚俗的形成与该地区的男女分工有关,在封建时代中,这种男女分工在一些特定条件下可以导致出长住娘家的习俗。然而功能论也有其缺陷,如男女分工实际上也可以在夫家实行,如果这样,也就产生不出长住娘家的习俗。那么这样看来,功能论者没有解决的是该地区男女分工是如何形成的,为什么会导致惠东女住在娘家的男女分工等。

我的解释是,生计方式的改变与妇女抗争的结合,最终在明中晚期形成长住娘家习俗。汉人进入福建的时候,不会从海上入手,他们在晋江流域及其延伸的泉州湾地区的开发,是先晋江流域,后泉州湾地区。但是因为田地不多,所以汉人必须改变自己的生活方式,形成"濒海者恃鱼盐为命,依山者以桑麻为业"的局面。不过,由于地形与自然环境的关系,泉州湾的南岸与北岸的社会生活也有一些差别。在泉州湾南岸,这里有许多可以避东南季风的港湾,所以那里除了农业、渔业、盐业外,泉州湾的海外贸易都集中在那里,尤其是法石港、后渚港、蚶江港、石湖港、安海港中,"晋江人文,甲于诸邑,石湖、安平,番舶去处,大半市易上国及诸岛夷","陶器铜铁泛于番国,取金贝而返,民堪称便",海外贸易繁忙。在泉州湾北岸,除了惠南的洛阳、东园因地处洛阳港、后渚港东岸,那里的人也从事航海贸易外,其余地区,不是经营农业,就是经营渔业等。而且这个时期该地区的渔业以近海捕鱼与沿岸"讨小海"为主。"有傍岸取者曰拖网";"有驾船出洋者曰旋网","浮縺纶绾鱼虾之利,得以赡家";或在"海边石礁潮水淹没处,出有螺、蚬、海菜诸物,小厮皆步取之"。这些渔民居住在陆地上,根据潮水的涨退而出海、返回,由于该地区风大浪急,他们返回多把渔船扛到沙滩上搁着,隔天出海时再扛下海。惠东的这种社会生活面貌,到明代以后,才发生了较大的改变。张襄惠曰:吾邑广轮之数,止八九十里,然且包山林,并原隰,可耕之地,不能三之一,斥卤者几半。“农殖甚艰,沙坡弥望。”“风卤交侵,不利耕殖,惟盐田编列,渔罔缅属。”

明代建城,导致惠东地区人口激增以及生活方式发生变化。卫所的建立,使惠东形成军户与民户两个族群和两种生计方式。崇武城区的居民以军户为主,他们除了从事戍守外,还经营屯田农业、渔业和垄断当地的商业及从事陆路、水路的长途贩运。而且由于军户来自各地,杂姓相处,又有相同的等级、身份,所以他们相互通婚,而极少和城外的民户通婚。这种现象至今也没有什么改变。城外的居民则以民户为主,他们也从事农业、渔业、小商小贩,但与崇武城内的军户最大不同的是他们在建城等过程中多掌握了石匠、木匠、泥水匠的手艺,有许多人也以此为主要生计。

明代嘉靖以后,因人口压力,政府盘剥,“课米日浮,县差催督日烦,竭泽而渔,人甚苦之。”所以采取多种经营,除用流刺网外,也开始起用延绳钓,另外,在海滩上有拖网,在礁盘上有“讨小海”,“冬春则纶带鱼,至夏初则浮大縺取马鲛、鲨、鲳、竹鱼之类,夏中则撒鲎縺、鰛縺,秋中则旋网取金鳞、鲃鱼录、毒等”,竭尽全力向大海索取,以增加收入,适应社会环境的变化。万历闽县人董应举在其《护渔末议》中说:“或问闽亦有海,而必渔于浙,何也?”“曰:鱼自北而南,冬则先至凤尾,凤尾在浙直外洋,故福、兴、泉三郡沿海之渔船,无虑数千艘,悉从外洋趋而北,至春渔而渐南,闽船亦渐归钓。”这里的泉郡沿海的渔船主要就是泉州湾两岸的,北岸主要是惠东的,而南岸主要是晋江深沪、科任两地。

在原来的中国,人们一旦学会某项技术,称为工匠,你再叫他改行是十分困难的。在旧城无工作可做的时候,工匠们就会外出寻找其他工作机会。工匠的外出和从事远海渔业的渔民一起,使惠东地区的民户家中只留下妇孺,并迫使留在家中的妇女承担起从事农业的任务,这样才在明代中晚期真正导致了惠东地区的男女分工,男子从事技术活,如建筑的石、木、泥水等工匠、捕鱼等,女子主要从事农业。时间一长久,也就形成农业是妇女的专利,男子不齿从事的习惯了。而妇女从事农业,也导致放脚、做堆的形成。

在惠东,由于民户男子几乎尽数外出,导致民户的妇女必须承担农业生产,从此妇女也有了自己可以养活自己的经济地位和在夫家中更重的劳务。因为过去只是做家务活,而当男子不从事农业时,这任务就落到女子身上。

同时,在夫家这个“他群”中,与她有直接联系的丈夫因外出做工而长年不在家中,或者说,在这个“他群”中唯一能和她形成他们自己的“我群”的人长年不在家,所以,当她们小小年纪嫁到一个“他群”中,感到的是陌生,是大家庭中结合力量与分离力量的矛盾,是无休止的“拖磨”。而且由于丈夫不在家,她甚至找不到人偷偷地发泄其郁闷的情绪,因此,她们承受了比其他地方更大的压力。在这种有苦无处述说的压力下,自身又具有养活自己的能力,所以,一般的埋怨叙说就会转化为抗争的行动,这种行动就是住回娘家,这样就不会整天要看家姑、小姑的脸色行事,不必听她们“杂念”,可以在自己的“我群”中,舒心地生活。至于丈夫,则待他返家时再相聚。因为,在没有孩子的情况下,夫家中唯一与她有关系的人就是她的丈夫,因此,丈夫返家,自然得回夫家相会。

而对夫家来说,虽然媳妇回娘家去居住,失去了一个劳动力,但他们也有女儿,当他们的女儿也返回娘家居住,他们的劳动力损失就得到了补偿,因此也没有什么好计较的。而且,当媳妇不在这里时,做母亲的又得担负起照顾儿子的责任,这样,由媳妇这种“外人”梗在其中的母子关系,也可以又恢复到儿子成婚前的状态,这也使做母亲的心理压力得以缓解。再者,由于媳妇是“他人”,只有通过“我群”中的儿子,才与婆婆发生关系,因此,在大家庭中,婆婆对媳妇的管束很多都得通过这个联系的“中介”——特别是使用激烈手段时。当儿子外出做工不在家,从法理上讲,婆婆虽有权管束媳妇,但却因缺乏中介或手段而难以管束,这也是惠东这个有长住娘家习俗的地方,打老婆的行为会多发生在春节女子回夫家其丈夫也在家时的原因。由于无法真正控制住媳妇,当矛盾冲突激化时,媳妇也许会做出什么傻事来。如果这种事在夫家发生,自然需要夫家负全部责任。因此当媳妇提出其夫不在家时愿意回娘家暂住,做婆婆的虽不是很愿意,但也不会极力反对。因为,媳妇住在娘家,其父母就需负担起管束她的责任,以保证她不会出事,而婆婆这时就不用在这方面费神了。而且,当这种事情成为一种习俗时,她的女儿同样也回到她身边。在权衡各种利弊后,人们认识到,在男子长年不在家的情况下,媳妇长住娘家的确比留在夫家有利。所以,大家都依样画葫芦地效法、认可,这样,这种在女子成为农业的主力军后,因男子长年不在家,而对大家庭生活中我群与他者矛盾导致的“拖磨”的不满产生的偶然性的抗争行动,才慢慢地约定俗成地形成一种长住娘家的习俗。

那么为什么崇武城里没有长住娘家习俗？因为崇武城内并没有形成明显的男女分工，崇武城区的居民以军户为主，他们除了从事戍守外，还经营屯田农业、渔业和垄断当地的商业及从事陆路、水路的长途贩运。明中叶后，没有显著变化。而且由于军户来自各地，杂姓相处，又有相同的等级、身份，所以他们相互通婚，而极少和城外的民户通婚，又歧视城外的民户，因此并没有形成长住娘家的习俗。泉州湾南岸地区没长住娘家习俗的原因是他们主要以航海贸易为主，有不少出国到南洋谋生，虽然无法每年回来，但并没有形成女性社会，农业仍为男性的事，只是出现“两头家”等华侨习俗。

人口与环境的矛盾，导致变迁的可能。但在大体类似的历史建构情况下，变迁的不同结果，则取决于人们根据他们的原先的条件所进行的选择的不同，也就是说，在这种状况下，人的自我能动性具有一定的决定力量。今天我就讲到这里，如果有什么问题的话，可以提出来讨论。

评议与讨论

潘蛟：这次的讲演十分细致，主要讲述了惠东地区长住娘家的习俗。这是个老话题，也是个难题。一种说法是进化论的母系社会的残余，另外一种是这种习俗与古代的越人、疍民的残余的杂糅。这是随着当地生计的变化带来的一个进程。现在请大家提问题。

学生提问：这个地方我也去过一次，很有趣的是看到非常大的差异，盖房子的劳动力都是女性。当然您说这些制度和生计的变化都是有道理的，但是也存在一个鸡生蛋还是蛋生鸡的问题。就是说，是先有观念的改变，然后再强化这种制度，还是这种制度强化了这些观念？因为这些男人开始离开之后，是不是有一种关于贞洁的观念被强化？所以我在想，不管是自我形成的还是被形成的，是不是导致了女性对家庭生活的欲望被限制？

石奕龙：以惠东来讲，那个时候的女性社会基本上没有什么男性，不管是在娘家还是在夫家，都没有对贞洁的威胁。有时候夫家为什么会赞同长住娘家，也会有免责的意识在里头，但也有妇女抗争的结果，当你连诉苦的对象都没有的时候，就只有回到娘家去。当妇女回到娘家后，可以十分自由地生活。

文献中也有记载："豌豆开花白花花，土豆（花生）生根钉落沙。歹命（坏心）媒人来褒抹（胡说），褒抹他家真快活。阿母心里就'走抓'（样），十四岁儿允人娶。站无椅子高，坐无椅子大。一担水一百外（多），担勿会移动着（要）用拖。回来房中流目屎（眼泪），阿母侥幸来害我。"而对娘家的感情是："阿公跷脚了吃烟，阿嬷开门了等孙，阿舅拎篮去买菜，阿妗骂阮（我）捷捷（经常）来，阮是为着外公、外嬷代（事），无（如他们不在）阮三年五年都不来。"

（牛春辉整理）

中国乡村人类学的研究路径探讨

主讲人:庄孔韶(浙江大学讲座教授、人类学研究所所长)

主持人:潘蛟(中央民族大学民族学与社会学学院教授)

其实我今天呈现的东西有好几个思路没怎么整理好,所以也就是和大家交流交流吧。主要从人类学史的角度研究乡村人类学,也就是你研究的切入角是什么,人类学史的角度是怎么研究的。最近有人联系我,出版雷德菲尔德的一本书,里面涉及"社区、社群"等概念如何翻译,我是校译的,一些内容都改过了。但是,我最近看了另外一个人出的一本书,一看问题比较大。这本书比较重要,关注雷德菲尔德的大小传统,这个部落社会的研究是怎么转到农业社会的。我觉得潘老师你们知道,马林诺夫斯基讲的海岛社会转向陆地社会。林先生有个同学,做的是爱尔兰的一个村子,他主要研究爱尔兰这个村子用借贷维持的一个平衡,当然都是功能主义的范畴。

林先生的贡献在于他不仅仅强调外界的一个力量,这样农业社会的研究进一步就有很多网络伸展出去,你会发现雷德菲尔德所谓的农村实际上是一个反社会,不是一个完整的社会,是一个半社会,引出了后来他的大传统、小传统。我们在讨论这个问题的时候,你会看到精英文化和大众文化这层面到底是一个什么样的相关性,大传统和小传统之间有一个问题就是基层农村的农民逾越不了的——那就是拉丁语和拉丁语言。精英文化者会拉丁语,也就是说他可以下得去,会方言,这就是拉丁语的壁垒——下面的人上不去,即农村的农民进入不到精英文化的群体。当然也有人研究中国。中国有一点不一样,比如方言,这是中国特别的地方,它有一个文字的贯通,但是方言并没有阻止上下贯通。比如孔子的儒学,他没有什么权力,完全凭着儒学的感染力,游说列国,简直不可思议他怎么能够做到这的。他这套思想基本上是中原农业社会的一个哲学,与他的生活方式是吻合的——好好念书,好好种地,好好努力。结果呢,大家就会觉得好,周边的很多小国都归顺了。国外的学术喜欢讨论权力和权力之下的推进,这在中国不是说没有,游说里面掺杂的权力学术,有没有可能解释传播呢?传播可能有时候是权力,有时是势力,还有的是这个思想与当地人民的生活完全吻合,上述孔子的儒学就是最后一种情况。那么从孤立的海岛社会到一个独立社会的研究,找到一个线索,以中国为例子,我们不得不考虑文字统一所携带的思想,这个思想长此以往是由于统一的文字贯穿下来的,这个和无文字的独立的海岛社会的研究是有不同的地方。费先生《乡土中国》、林先生的《金翼》,他们两个人的研究,一个很重要的研究线索,那就是都是功能主义的一个模板。也就是中国国学里面的思想,费先生把它留在《乡土中国》了,林先生留在了《金翼》里面,中国的社会史,透过宗族研究来体现,完全是功能主义笔法写的。同时我们能看到写作的场景很重要,博士论文就是在那样的一个环境中,不能有太多夹叙夹议的东西,而写的关于家族的事迹则体现了他的另一个心路历程。因而怎么结合具体场景来写是需要探讨的问题。

费先生林先生的农业社会,到了现在的农业社会,你会看到时代的印记。从林先生家族兴衰的书里面看,家族是一个非常重要的线索。这个农业社会中,集体记忆或社会记忆的东西比较多,有一个强大的家族系统,整个家族农业发展的过程中,家族主义的影响是很大的。在林先生早期的文字里面,我们看到了先在的理念和理念的先在的可能性,功能主义和很多理论,所以我想理念先在是一个值得研究的东西。除了文字系统一代代传承,儒家思想和当地人民生活统一的话,这个思想是能够传承下去的。这个线索就是人类学史过程。看看乡村人类学,再一个关于林先生平衡论的思想,学者在做工业社会,霍桑实验大家都知道,提高大家的劳动生产积极性,现在的教科书里面是组织社会学,组织人类学,在工厂的研究调动积极性,看看内部还有什么小组织。本来人类学的研究要调动工厂积极性,做数理统计的时候,量化和研究的问题不太容易,不太对应。量化的话,外界有工会组织的压力影响了规章制度,所以把平衡论和数理统计结合在一起,得到的结论完全是工人的道德和纪律,在那个时代是不合时宜的。在这种情况下周围其他的学科,管理学、劳动学,不是人类学的杂志都认为问题较大,影响了人类学在这个问题上的声誉。因而平衡论的思想面临着很多批判。印度学者在整理人类学史的时候,人类学家也有一段时间失误,虽然功能主义平衡论你觉得过时了,但是还是有其他的用处。倒是人类学以外的学科把人类学不重视的东西利用起来,比如功能主义平衡论。还有,关于人格的放大,国民性与平衡论,各种各样的教科书都批评。也就是看到地方群体族群性共性和某一个国家族群共同特点的时候,一定要批评。人类学有没有要反省的时候呢?我看到了批评国民性的文章,但是问题在于批评是有道理的,族群里面这些年是不是也是在一个分解的状态?尊亲理论在分解性方面表现了擅长,对族群差异这方面理解很多,那去人格这方面不敢做还是不应该做呢?

实际上是不是一个美国人某种意义的共性和日本人的共性,比如法国人的同学和日本人的同学,在大体教学实际里面这就是大角度一个共性的问题。我们想就是在平衡论的过程里面那个时代人类学忽视的一个东西,关注的就是共性,教学上也是大面积地使用,我们是不是要反省?

如果你看横向的家庭,不是汉族的家族主义的状态,乡村里面是家族主义,习惯的家族主义的做法,叫作类家族主义。比如前一段时间,做乡村艾滋病防治,大面积的研究,国家疾病控制中心一刀切的做法,类似年龄组的组织方式,防病的政策制定的时候,最后七个红灯区的七个老板,先对他们进行培训,由他回来再去进行培训。民风民俗是和商业混合在一起的,经常用同伴教育。共性跟个性在乡村工厂里面都要注意。主要是首先个人隐私不适合在大庭广众之下进行,那我们发现这个群体里面有三个大姐大,只要把三个大姐大培训好,让她们分头跟自己姐妹去讲。涉及了乡村社会研究遇到各个方面,你到底是怎么处理的,你的这个理论和方法是怎么运用的。如果用得不好,就带来很大的损失。

评议与讨论

潘蛟:好,我们接着进行一些评议和讨论,我做主持人抢先这个权利,谈谈我的理解。我们能看到,这个演讲谈到的问题很多。比如对过去乡村社会的研究的梳理,以及现在人类学理论中存在的一些问题,一开始乡村社会的研究是和雷德菲尔德的人的研究联系起来的,中间提到一个很重要的问题是,乡村社会是一个相对复杂的社会,和国家有联系的,而以前人类学家是无国家的社会。雷德菲尔德的思想里面其实是有一个大传统和小传统的问题,庄先生很敏锐地提到了,谈西方的社会大传统和小传统之间拉丁文的壁垒,而中国的文字也是下乡的,文字在沟通大小传统之间的作用等,有了很多遐想。

在这里,实际上庄老师提出了很重要的问题,权力的问题也讨论了很多。大家知道福柯是喜欢讲权力的。庄老师一个特别的表达,“势”和“感染”这个很新颖。国家的政令某些人的权力,感染这个中间涉及这个问题,在一点上和福柯的权力观有相同的地方。谈到文字的地方,我们听到了和宗族的关联,很深的一个话题就是理念在先和文字的关系,以前做宗族研究,基本是功能主义的体系,站在外面看这个宗族在国家里面的功能,功能主义一个特点就是把结果当作原因来理解。那谈到理念的时候,他怎么理解宗族,林先生有自己的理解。人类学长期讨论的问题,文化优先还是社会优先,以前是社会优先,这几年目前的宗族研究和社会史的研究很重要,上次张晓军也谈到了这个问题。好像进入了有国家为什么还有宗族的问题这样的一个悖论中。国家和宗族之间好像总有对峙,做社会史的一些人看来说是国家鼓励了宗族的建构,不是一个相对的关系,是一种资源的利用。

其次,也谈到了一个更重要的问题。共性的问题,以前的人类学喜欢归纳共性的研究,这类东西确实在近年来把人类学家的研究对象刻板化了,把研究对象同质化了,从福柯的知识考古学到沙一德的东方学,这可能是一个标志。人类学包括社会科学在20世纪80年代的研究,有一种反本质主义的倾向,以及讨论文化的杂糅型、杂糅的意义性,可能现在的问题就是分析含义是复杂的。我最近翻译一本书,文化的亲密性,这种成见化谈到了老百姓怎么把官僚制度刻板印象化。谈到文化比如谈到边缘人群被主流人群刻板了,比如不吃狗肉的,认为狗是他们的亲戚,这个也作为共性的标志,增强团结的标志。把我们引向了一个思考,尽管学术界人类学家试图消解这种刻板化,但是这种刻板存在相互构建的问题,研究对象自身也有一个刻板化和去刻板化的问题。我知道你不喜欢谈权力,但是我知道它是和权力紧密联系的。比如抗争、抵制,这边人说那边是蛮子,那边的人反过来又说另一边的是蛮子。这样的一个进程,你概括为“函化的边缘效应”,是不是边缘人群把主流强加给他们的东西转移给另一边,生成了排斥与包容?总之这样的问题比较复杂。谢谢庄孔韶老师,我认为一场讲座最大的收获不是系统的灌输某种知识体系,而是一些新的刺激。这就是我自己的一些看法吧,不算回应,下面同学们有问题可以进行交流。

学生提问:您好,庄教授。我是中文系的学生,我想问的第一个是我外婆家乡的一个村子,随着社会的变迁,即使很近的堂兄弟都不和谐,祠堂被砸了,那么社会变迁对家族之间的亲情的疏远产生了什么样的影响,您能做一个回应吗?第二个和学风有关系,您作为知名的学者听讲座的人还是很多,不知道您去人大、浙大是怎么样的情况?第三个,我接触人类学的启蒙实际上是您的《人类学通论》,为什么您不留在民大呢?

庄孔韶:咱们倒着回答吧,我之前看30年代的学者的传记,发现很多教授都不在一个地方。我跟他们是一样,处于游牧的时代,后来发现每一群学生有他们的特点,换一个学校是一个新天地,有利于我知识更新,游牧的生活很好。我们老师现在挑选学生的时候,也希望有点变化,不要从大学到博士都是一个专业,不同的专业有时候反而更容易贯通。换一个地方容易吸收新的知识,人类学、文学这些知识都是触类旁通的,我认为现在所谓的学科地位是分类学科造成的。

第二个问题关于讲座的听众,我们知道民族大学民族学人类学专业等开始得比较早,整个过程提问题的质量上能看出来。有的地方比如浙江大学的工科非常好,但是文科发展得并不好,现在浙江大学校长也在抓紧开展这方面的工作,以工科为基础的大学提问跟民族大学的底蕴是不一样的。其实交叉学科的学习挺不错的。

再举个例子,之前去南方的一个学校,他们对人类学了解得非常少,对西部少数民族情况完全不知道,播放《虎日》电影的时候,女生第一次看到杀鸡的镜头全体尖叫,清华大学的一个大男生就晕倒了,工科的学生不了解,但云南的学生就司空见惯了。再一点呢去西南一些学校讲座的时候,还见到过排队等签名的,浙江大学也是不一样的,比如我去讲座,工科的学生就可能都不知道我是谁,但我没关系,作为游牧人,有更多的机会来了解不同的知识群体还是挺好的。

那关于村子里面家族不再团结的问题,我简单谈谈吧。社会的发展有一个历史的脉络,这种情况会有的。我记得曾经一个美国的扶贫专家,她说庄教授,你们的这个基层社会,儒家的思想全没有了。我说不论是民风好与不好,孟子的守望相助就是,让大家矜寡孤独都有所养,各个地方的状态可能不一样,你可能看到的是个体主义的一个侧面。而有些例子,我们没有找到一个真正落实到乡村背景状态的个体主义的解说,一个人无论是什么状态,人类的共同体是必须依赖的,你看到的不孝不仁不义只是转型过程中的小片段。

补充:我当了庄老师的学生,我有个想法,典型地说从马林诺夫斯基引导大小传统引导中国的乡村社会,其实人类学还是一直是在三个传统,点、线、面,中大前几年有个海洋民族志研究所,那就是关于点——岛屿的研究,这是非常功能主义的做法,还有个线的研究,而我们面上的研究就必须怎么定自己的中心,比较有趣的事情,欧洲的做法和中国的做法是语言的障碍的问题,中国的文字的贯通,欧洲可能就有阻碍的,这种双向性跟我们对权力的理解是一致的,我的理解是权力运作的过程中产生了这样的问题。中国几千年来一个杂糅的现象吧。

学生提问:您好,庄老师,我是人类学的硕士,神圣性和世俗世界里面个体的发展距离越来越大,形成社会各种矛盾的原因,人类学该如何解决这些问题?如何加大人类学对政治的干预?怎么去参与到政治的政策中,加大对人类学的应用?也就是神圣性与世俗性之间的张力您是怎么理解的?

庄孔韶:一个问题,可以说是信仰的问题吧,非常多的田野调查都会反映出来。但是信仰上呢,很多研究都提到,比如很多人说中国的信仰是功利的,如果人类学家去调查,设立一个前提就是你要相信信仰的真诚。我去林先生家的时候,见过一个道士,那是我调查对象的侄子。我当时把道士划分了几个层次,不同的道士有不同的事务范围,好像有一个市场的状态出来。农民也是,也是按照科学主义培植菌种,一点杂菌都不能感染,感染的话一年的辛苦就白费了。他们小心翼翼地种植者,但还是要到庙里烧香,怕银耳坏了。不同人的头脑在不同的场景里面发挥不同的科学主义,在他们看来信仰是讲意义的,而科学是讲究经验的、因果效应的。所以你会看到脑子里面有两趟车,看上去风马牛不相及,但是非常巧妙地同时存在于一个人头脑里面。人类学的政治参与,不一定说政治,就是介入的问题,也包括不是政治的问题。所谓的价值中立吧,价值介入。

学生提问:庄老师,您好,我们国家现在提出的经济丝绸带,更多的是从经济的角度看丝绸之路,您认为从人类学的角度看,应从哪个角度参与丝绸之路?

庄孔韶:不同的学科角度不一样,浙江大学技术性比较强,所以主要是佛像的保护。人类学的角度就是要看到开垦工地的冲突,你看了这个材料后,发现不能随便移民,或是在移民的过程中应该注意部落、族群等文化意义。

学生提问:庄老师您好,你刚才提到的大小传统的时候,我认为精英文化更好地往下传,下面的文化可能才能往上走,那么文明的进程,无论是权力、势,还是其他的什么,文化的传播到底是谁在推动?谁在掌握这个传播的权力?是主动的还是背后有一个权力的东西?

庄孔韶:如果把权力无限放大,什么都没有缝隙了,进一步的我说不出来。福柯看来认为权力研究还不够,也许永远都研究不透权力是什么。我喜欢反着想,刚才我提到的其他的问题,分解式的研究理论那么多那么细致,为什么共性的东西大家都不碰呢?难道没有缝隙了吗?(我们的知识和言说就是权力,他们的看法就是,好多都是哲学的问题)功能主义的传统的研究注重物太强烈了,情感的东西就处在次要地位了,现在情感人类学的出现把过去过于注重功能的一些东西弥补了。中国农民的红眼症,这是中国的红眼症,你不能不提国学里面关于嫉妒的东西,因为中国国学关于这方面的知识太多了,如果国学里面的东西不说的话,就是不合适的。比如有学者发现中国人整容是要做得非常的自然看不出来,这是为什么呢?其实从中国国学里面来看都是可以找得到依据的。沟口雄三的《中国人的自然》把这种东西写得非常清楚,如果你仅仅用外国理论是不行的,你要是把国学里面的东西加进来,就是很厉害了,提供了一个地方性的知识。

学生提问:庄老师,您好,我是教育学院的学术,来自新疆,我发现现在双语教育在新疆发展得很好,各种研讨会也是这个问题,庄老师你在新疆做调研的时候,你怎么看待这个问题?

庄孔韶:我在新疆调查的时候其实早了,在1986年的样子,主要研究关于烤馕节柴的改造,关于“双语”的问题,不太了解,请张海洋老师来解答一下吧。

张海洋(中央民族大学民族学与社会学学院教授):我觉得双语不是一个问题,如果语言的情况摆在那儿,前提是平等。选择是自由的,我觉得就是个自然的问题。但是一方着急的时候,着急想干成一件事情,反而效果不好。民族学基本就是研究家庭、婚姻的问题。还是按照一个规矩来做,人为地一夜办成的事情就不太好,不敢保证将来一块过得时间长。

(石娲整理)

文化亲密性与有担当的人类学：对《逐离永恒》一书的思考

主讲人:刘珩(首都师范大学外国语学院教授)

主持人:潘蛟(中央民族大学民族学与社会学学院教授)

非常感谢潘蛟教授用刚才那些言辞欢迎我,我是2002年从民族大学毕业的,这次回到民族大学,确实是回家。在座的可能还有我以前的老师,像潘老师以前就是我的老师,除了我的导师邵献书先生以外,还有以前的像张海洋、庄孔韶老师,都是我们的老师。首先我非常高兴能回来,然后也非常感谢各位老师和同学们来听我的演讲,分享一下 Herzfeld 的这本新书,叫做《逐离永恒》,以及我自己的一些延伸性的想法。

今天的题目叫作《文化亲密性与有担当的人类学》,这两个概念其实也是依据《逐离永恒》这部著作里 Herzfeld 有关文化亲密性的一些论述。但是他在这部书里没有论述到有担当的人类学是什么,而我们会在讲座的最后谈一下什么是有担当的人类学,它的英文单词叫 engaged,然后如何扮演一个有担当的人类学家这么一个角色。

首先,我要先谈一下 Herzfeld 这个教授。在他带有自传性质的一篇文章中,他曾经提出,他说他这一生里,到目前为止可能讲了三个谎言,当然是用引号的。这三个"谎言",他是这样说的。因为他很小的时候就学希腊语,他古希腊语非常好,然后年轻的时候又在古希腊这个国家里到处游历,精通很多种希腊语言,包括很多地方的方言。因此,他认为他自己作为一个人类学家而言,在希腊这个地方做田野调查是最安全的,并且他的学术成名也是因在希腊做的民族田野调查。所以他说他可能不会在希腊之外的地方去进行田野调查,这是他说的他第一个"谎言"。第二个"谎言",他说他是一个非常冷静、客观、中立、理性的人类学家,他不愿意做一些比较极端的事情。所谓的这种活动家,叫做 activist,他说他不愿意。他说人类学的职责就是保持一种客观、中立的一种观察,具体发生什么事情,我们不要过多地以这种情感去贻误,免得影响我们自己科学、冷静的一种人类学的思考和判断。这是他的第二个“谎言”;第三个所谓的“谎言”就是他认为他学术的重心是传统的民族志,就是用书写、用语言来形成的文本,他不太愿意去尝试其他的人类学的一些考察的手段或呈现的方式,比如说影视人类学。但在今天看来,这三个都是谎言。

首先,他从希腊后来又到了罗马,到意大利去做田野调查,这当然是得益于他意大利语言非常好,他还会讲罗马的方言。他现在还有兴趣学温州话,他说他对居住在意大利的那些温州的群体非常感兴趣。他找了一个讲温州话的老师,就是李若虹,在准备学温州话。但我们对此表示怀疑,因为温州话对于我们自己讲汉语的人来说,我们也听不懂。所以这证明第一个他说他不会在希腊之外的地方做田野,这显然是个谎言。并且他现在还在泰国,在一个叫做 Pom Mankan 的社区在做田野调查,所以这是第一个谎言。第二个谎言,他现在拍了两部民族志的电影,就是影视人类学。一部我带过来了,如果有时间的话,我们待会儿会放一下。这部片子不长,大概 30 多分钟,就是跟罗马的一个叫 Monti 的社区的拆迁有关系的。他拍了一些居住在这些社区的那些面临被拆迁的那些贫困群体,有屠夫,有手工艺人,有出租车司机,他们对这个社区的一些社会记忆。所以他拍了影视人类学的作品,这是他的第二个谎言。所谓的第三个谎言就是他说他参与了这两个地方,一个是罗马的 Monti、另一个是泰国的 Pom Mankan 社区的民众这种抗议拆迁的活动,他说他慢慢地变得极端了。然后大概有一次,我们在一起聊天的时候,他说可能人类学家老了就会变得极端。我不知道这有没有道理,他说他有很深的体会,因为他觉得时间不多了,该说的你一定要说,该做的一定要做。当然不是那种打引号的极端,不是所谓的非政府化,与非政府组织那些所谓讲人权的那样的极端是不一样的。人类学的极端跟那个极端是不一样的,当然我们也会讲。

所以我们今天来讲这个话题,就是见证了 Herzfeld 三个谎言全部破灭的这么一本书,然后还有一部民族志的电影,这就是我想说的这本书还有这个片子与他三个谎言的关系。这本书,标题就叫做《逐离永恒》,以前我翻译的是《背井离乡》,但是后来我看见复旦大学潘天舒把它翻译成《逐离永恒》,我觉得可能这个还比较贴切,所以我就沿用了潘天舒老师的这个译法。

一个关键的概念就是永恒,什么是永恒呢?就是 eternity,在 Herzfeld 这本书里,他说罗马有两种永恒,一种叫作神圣的永恒,一种叫作世俗的永恒。所谓神圣的永恒,他认为就是罗马历史遗产的永恒性造就的这座城市对历史遗产保护的一种独特的永恒观念,第二种永恒当然就是教会教义,普度众生的永恒性,他认为这是两种永恒性。永恒性都是力图创造一种永恒的文化形式,然后向任何腐败宣战,这种腐败包括建筑的腐败、政治的腐败以及现世生活的腐败。但是恰恰表明只要是有人类生活的地方,只要人性还存在,腐败是不可能根除的,不管你花多大的力气,腐败可能都会伴随着人类社会,这是他想说的第一个两种永恒性。

第二种永恒是所谓的世俗永恒,也叫作现实生活的永恒性。他说这种永恒性,简单而言就是社会经验的碎片,它镶嵌在宏伟历史遗迹的裂缝中,并且被不断改写,但始终存在。这是他在《逐离永恒》一书中对永恒性的一个界定。要考虑到他在其他的文章中对永恒性的一个阐释,那么我们还可以把永恒性理解成一种人类在现实生活当中根据实践的需要所采取的一种灵活变通的一种妥协的方式或是言词的一种策略以及一种社会展示或是社会展演的一种策略。也就是说,只要人类活动,人总是希望在刻板僵化的那些法令、规则、规范、体制、制度之间来根据自己现实生活当中的需要以及实践的需要来对一种规范加以改造,就是对 form 的一种 deform 的一种策略。这种策略可能很多学者会复杂地将之叫作人类的能动性,但 Herzfeld 把这种对刻板僵化的法令根据现实生活需要的一种改造叫做社会诗学。待会儿我们在后面也要谈到什么是社会诗学。其实我想可能都差不多,能动性也好,还有一种策略也好,他多次谈到民间的这种对法规、政策或规范制度的一种创造性的违犯或是创造性的计量,其实都是说的一回事,就是人类如何根据自己的事实需要、实践的需要,在那种刻板、僵化的法令制度之间寻求一种妥协,我觉得这就是能够激发起人的能动意识的很关键的一点。所以这就是世俗的永恒性。

很多西方学者认为这本书是一本非常成功的都市人类学。那么就我自己个人理解,成功的都市人类学就是要在普通的现实生活当中去追寻这种现实生活的永恒性。如果你能把现实生活的永恒性刻画出来,我想这就是一本比较成功的民族志的作品。

我们讲了永恒性之后,现在可以看一下两种永恒性对应着两种不同的时间观念,但这种时间观念可能不是他在这本书里系统阐释的两个概念,他是在其他的著作里有过阐释。但是在《逐离永恒》这本书里,很大一部分是用时间观念来展开的。我们来看一下,这两种永恒,一种是现实的永恒,一种是神圣的永恒,对应的两种不同的时间观念是什么。第一个是社会时间,对应的是纪念碑式的时间。所谓社会时间就是日常经验的产物,就是我们非常熟悉的,这种社会时间观念就是不可预知的,带有即兴展示的成分,并且充满着生活的节奏,充满着情感,并且可能还有气味,反正就是跟人的这种生活、实践和情感体验是密切相关的,这个我们叫社会时间,待会儿我们会看。

然后另外一种,Herzfeld 把它叫做纪念碑式的时间。很显然,纪念碑式的时间就是民族国家历史经验的产物。我们看一下这旁边的两幅画就是国庆的五十周年,五十周年在天安门广场中间做的五十六个民族图腾柱,可以把这个叫作纪念碑式时间的这种建构方式。这种一般是由民族国家来发起的,一个非常宏大的文化工程,它一般是进化简约的,并且具有普世的意义。你看五十六个民族固定在一根图腾柱上。我们今天如果去离我们不算太远的紫竹院去逛,你就会发现有些时候会搞一些五十六个民族大众的科普的这种图片,一幅图片就对应着一个少数民族。其实这是把这种民族的概念简单化,然后呈现给公众。所以我们对维吾尔族的印象,我们可能就是会跳舞,然后那儿有哈密瓜,所以这是国家推动的一种简约的纪念碑式的时间。因为它静止、单一,比较好管理。

纪念碑式的时间是在这本书里被提出来的,叫做 A Place in History,即“历史之地”。我现在大概可以有两个例子来谈纪念碑式的时间。第一个我想谈贵州镇山村。我不知道在座的有没有去过贵州,贵州镇山村是离贵阳不太远的一个地方的一个文化生态村。这个生态村有一个标志性的事件是 1993 年,贵州省政府把它定名为原生态文化村。从 1993 年开始,这个村就获得了一种身份，所谓的原生态文化村。然后，所有的纪念碑式的时间就从 1993 年开始在镇山村上开始建构。这就是镇山村，离贵阳不算太远，可能那会儿要二三十公里。大家看一下，前面的这所房子就是他们以前比较传统的、年岁比较久的房子，后面的是因为旅游业火起来以后，很多居民就开始在盖房子。因为当地的旅游业——农家乐带来了很大的经济效益。这是镇山村的一个特点，所谓它的原生态文化村，是说这个村子里头的房子大部分上面是盖的一层薄薄的石板，这是作为当地的一个特色。然后文化的成分是说这个村子里居住了布依族。

我第一次去镇山村大概是 1996 年，因为我当时是在贵州大学念书。1996 年去的时候，我们发现基本上没有任何纪念碑式的时间建构的这种痕迹。如果我们把纪念碑式的时间当作一种实体，而把这些所谓的雕塑或碑看作是一种表象的话，这里恰恰是把本体跟表征颠倒过来了，是很有意思的。所以，这种时间建构就在雕塑这种表征性的观念里体现得非常清楚。大概从 2000 年开始，这些纪念碑式的时间就越来越多地在这空间里建构。

这个碑，叫作李将军碑。是说明朝的时候，大概有一位李姓的汉人将军带着兵马进驻到这个村子里，跟少数民族就产生了融合。大家看一下，这尊雕像，当然也是 2000 年以后做的。这李将军来到村子里，少数民族扶老携幼，提着鸡蛋还提着鸡一块儿来欢迎李将军，欢迎来到这个村子里。这个村就是汉族和布依族和谐相处的这么一个社会。我们来看一下这尊雕塑的这个构想，特别像当年老百姓开门迎接红军的那种历史，可能是依照这种图像来塑造出来的，所以雕像才叫和谐。

然后另外的一件纪念碑式的事件是非常明显的，就是当地建了一个生态博物馆。这是挪威王国出资来建立的，当时有挪威的一个生态人类学家在这

个地方系统地进行考察,所以挪威政府就出资建立了这么一座生态博物馆。这个就是纪念碑式的时间。建立生态博物馆,树碑,树雕像,一个最根本的认识是说官方的历史,宏大的叙事对于民间的这种零散的、即兴的甚至于有点前后矛盾的这种叙事方式或是社会记忆,显然是不相信的。所以只能用纪念碑式的时间来遮蔽它,代替它,来重新按照这种民族国家建构的这种轨迹来塑造民间的这种显得七零八乱、七零八碎、然后非常碎片化的这种社会记忆方式和历史记事的这种体验。但镇山村它同时还有自己的一套时间的观念,我们把这个叫社会时间。

一个最典型的社会时间的观念在村民自己办的博物馆里有所体现。我记得2004年去的时候,那个村民们自己办的博物馆里就展示着布依族的服饰,但是村子里头就有流言蜚语。当时挪威王国出资建立的博物馆已经盖起来了,当时村子里就有很多流言蜚语,就是说这个村民是要出风头或是说要赢利,因为他收一块钱(门票),然后就开他自己的博物馆。2004年我去问他,他说它那里的东西是假的,就是说生态博物馆里的东西是假的,从外面收来的,只有我这个是真的,我们世世代代的人用的就是这个,穿的就是这个。所以当地的人也知道这种真实性,来对所谓的另外一种真实性进行反抗,这是一种很有意思的社会时间观念。

事实已表明这种纪念碑式的时间慢慢就腐败了,他们想创造的一种永恒的文化形式还是经不住现实生活的侵蚀,也是慢慢地走向了腐败,这是为什么?

当然我们2011年回去又看的时候,就发现当时用来展示陈列的布依族的这些生活用品、生产工具的博物馆全都换成了玉石,里头全都是在玩石头。

大家看一下这幅画就是当年表现李将军来到镇山村的这幅画。旁边摆的是各种各样的这种石头，大概就是李将军见证了把玩石头的这种风尚在这个博物馆的兴起，我觉得特别具有反讽的意味。你看，我们都不陌生，这个人到底是顾客呢还是参观博物馆的人？反正进去以后，可能会坐到这种很厚重的木头上，请他喝功夫茶。所以参观博物馆的人的身份一下子变成了一个潜在的买主，这其实是对纪念碑式的时间所试图构造的有关永恒的文化形式的一种反讽、一种嘲弄吧！

另外一种，我想说的就是，纪念碑式的时间是在以前纪念碑式的时间的基础上的一种层积和覆盖或是遮蔽。这两幅画是今年在云南师范大学拍到的，因为我们都知道云南师范大学里头有一个非常著名的纪念西南联合大学的这么一个纪念碑。这是老的那一部分，老的那部分里面有三个“一二·一”运动牺牲的三位烈士的墓。然后随着时间的推移，这种纪念碑式的时间显然不能够涵括当代的那种时代精神，所以校方又在前边重新把西南联大的这段历史补加进去，这是以前的那个纪念碑式的时间。这边就是“一二·一”运动三位烈士的墓，这边以前是跟它对应的一个纪念馆，然后上面挂了很多牌子，这些牌子上全都是显示什么云南省全国青少年教育基地，这是当时的纪念碑式的时间。

那现在的纪念碑式的时间，加入了西南联合大学的校史，这是从旧的往前看。这个新的建筑，这个新的纪念碑式的时间它并不一定是说要真正意义上沉积在旧的纪念碑式的时间上，但是从它的那个新的纪念馆的这种高大以及设计的宽敞上看，明显是把里面的纪念碑式时间在一定程度上覆盖了，遮蔽了。然后加了很多西南联合大学的因素，包括模仿的一个西南联大的字，然后还有西南联大当时的清华、北大、南开三校的那个雕塑，这是前门。所以纪念碑式的时间如果不与现在的社会和政治现实深度连接，本身是没有任何意义的,所以纪念碑式的时间所意图建构的那种永恒,其实是短暂的。

与社会时间密切相应的就是文化亲密性。文化亲密性这个观念在这本书里头叫 Cultural Intimacy Social Poetics In the Nation State。这本书大概复旦大学的纳日老师也在组织翻译,可能过不久就会出来。文化亲密性,简单地说就是我们从外部看令人尴尬的文化特质,但是却是在内部维持某种社会共同性和亲密意识的一个非常重要的文化因素。在文化亲密性里,Herzfeld 一个经典的论述就是他把以前调查的希腊克里特山区的一个牧羊人,一种互惠式的盗窃,就是窃羊,叫做 reciprocal theft,就是互惠的。他有一个核心的观点就是偷盗来缔结友谊。这种偷盗行为,从外部看肯定是非常落后的,也是非常野蛮的,是当地政府所要禁止的,但是在克里特山区牧人的社会内部,它确实是一种缔结友谊甚至是能够促成某些婚姻、联姻关系的一种非常重要的社会行为,他把这个界定为文化亲密性。当然,我们都熟悉的赌博,还有麻将,如果赌得不是太大,我们大概也可以把它叫作文化的亲密性,因为赌博是一种营造地方性的这种信用体系的一个非常重要的方式。所谓愿赌服输,赌桌上才能见人品,我要根据赌博的经历,我才知道这个人的人品是怎么样的,大概我们也可以把它叫作文化的亲密性,但不能无限放大这个意义。文化亲密性,待会儿我们会讲,他在这个书里具体探讨了这个 Monti 社区的几个文化亲密性的一些重要的方面。

文化亲密性大概有这么几个重要的来源:一个是哈贝马斯的《公共领域的结构转型》。这本书是曹卫东他们翻译的,当然我不知道英文是不是从德文里翻译过来的还是什么。我看见他在用亲密性的时候也是用的这个单词,叫作 intimacy，所以这是与文化亲密性相关的一个非常重要的论述，这是哈贝马斯的一个社会学的论述。其中核心的观点就是把私密的东西公开是人的一种本性，在他论述中，就说他们愿意把这些书信日记还有资产阶级小说拿出来出版发表，私密的才有公开的价值。另外是说，“私”总是导向公，“公”只能衍生于“私”。待会儿，我们会从这里反思我们今天提到的公私关系。所以哈贝马斯说的是一种以公共领域为导向的社会亲密性，倒还不是 Herzfeld 说的文化亲密性。如果他的这种亲密性要定义的话也叫 social intimacy，而不是 cultural intimacy。

另外一个论述亲密性的，也没谈文化亲密性，文化亲密性是 Herzfeld 从人类学角度看的。另外一部著作是吉登斯的 *The Transformation of Intimacy*（《亲密性的转型》）。它的副标题是现代社会人的这种性行为和现代文明，显然是跟福柯的性经验产生回应的一部著作。它的这个核心观点是：人类已经把自己的这种思考推入到一个非常私密的一个性行为维系观念的领域，因此就会产生一种跟身体非常有关系的身体层面的政治，这种对身体性行为的管控，就是思考能力，其实就是反思的能力，这种反思能力其实就是能动意识。这本书的核心观点就是这种叙事能力产生的自律和自觉的公共性，这种公共性和更大的民主观念并不相悖，这是吉登斯在文化亲密性中的一个基本观点。

系统的考察亲密性，并且提出文化亲密性的是 Herzfeld。他与哈贝马斯和吉登斯不太相同的地方是他把亲密性又分成两个向度，一个是我们把它叫做类比的，叫自我知识，另一个外显的，叫自我展示。自我知识和自我展示之间的张力，催生了个体或者群体的能动意识。最能够体现文化亲密性的当然就是食物。如果我们研究这两种分类的轨迹，我们大概可以分成两种，即大众食谱与国家食谱。食物其实最能体现某种群体的身份意识，也是不同群体文化亲密性的重要体现。我们大家都不陌生周立波跟郭德纲。周立波说北京人是吃大蒜的，上海人是喝咖啡的。这是以这两种食物作为身份认同的标志。在 Herzfeld 的这本书里，他谈到希腊克里特高地牧羊人喜欢吃羊的内脏这种“陋习”。希腊政府出来说，克里特人吃这个东西其实是受到土耳其文化的影响，因受土耳其文化的影响，他们才吃羊的内脏。因为在西方人的文化里是不能吃羊的内脏的，所以他们试图抵清克里特人吃羊内脏的这种“陋习”，把它甩给土耳其人，打造一份西方国家要求的一种食谱。

另一个我们非常熟悉的就是前段时间吵得沸沸扬扬的广西玉林狗肉节，吃狗肉可能也是这个地方一种文化亲密性的体现。当地政府的官员在接受外面媒体采访的时候会说我们反对这种不文明、这种陋习，但是他可能从办公室回到家以后，跟朋友聚会的时候，他自己也吃。所以他对外说的“我们不吃”是种自我展示的策略；但是他在自己的这种圈子里他也吃，我们把这个叫作自我知识。所以人的能动意识就体现为这两种，一种是内隐，一种是外显，两种意识发生紧张关系时才会产生言辞上的一种策略或是表述的一种策略。

我们自己也有食谱，我记得前段时间有首歌，估计十多年前唱的叫作中国人爱吃的菜就是小葱拌豆腐，说是吃了这个菜一清二白，做人还不掺假，有这么一首歌。尽管这样，这是我们对外说的我们的民族食谱，我们做人不掺假，但也不妨碍我们也吃了其他东西，包括吃羊的内脏。比如北京的狗肚儿，可能在西方人看来是难以接受，但这确实可能构成我们某一群体在内部的一种认同的非常重要的文化因素，我们把这个叫文化亲密性。这里我想说的就是对于广西玉林的狗肉节，有些打着公众旗号的那些所谓的激进分子，他们可能是在用一些纯粹从西方那里演变过来的观念来去质疑另一种公共行为。是否对，我们不做道德意义上的论断，但是我觉得如果是去干涉别人的内部的亲密性，至少它也是一种象征性的暴力，这可能是值得我们去思考的。

我们刚谈了亲密性与两种时间观念，在 Herzfeld 的这本书里，他是用文化亲密性的观点来分享蒙蒂(Monti)这个社区里各个方面的文化亲密性。首先，他说的是蒙蒂(Monti)这个社区的法律和规则的文化亲密性。在这个社区生活的人其实都清楚任何国家制定的法律、任何市政府颁布的法律或是规章制度，他们怀疑这些法令政策能不能得到很好的贯彻和执行。第二制定这些规则的官僚同样是人，也有七情六欲，他们也会犯错，他们认为这些官僚讲冠冕堂皇的话是与世俗的话语隔绝太久，所以他们才会找到各种各样冠冕堂皇的言辞。其实这些官僚跟普通大众一样，他们也会犯错误。也就是说国家对公民的这种设定是漠视的，所以也为民众的唯利是图、麻木不仁提供了各种道德借口。国家和民众在这一层面上是达成了一种共谋的关系，这种共谋关系就产生了一种冷漠，这本书翻译成中国版大概就是《冷漠的社会生成》，这是法律和规则的文化亲密性。他们也知道怎么样跟那些官僚打交道。

第二个是说这个社区高利贷和赌博的文化亲密性。待会儿如果有时间我们放这个片子。其中有一个买电器的人，Herzfeld 就问他："你觉得 Monti 这个社区最显著的特点是什么？"他说到处都是放高利贷的，这个让大家的生活很方便。所以放贷和赌博反而形成了地方性道德的实践，形成了地方性的信用体系，这其实是社会资本的运作方式。放贷的人要表现得大方慷慨，而借贷的人比较有信用，双方都在投入一定的社会资本。这种建立在放贷和赌博关系上的社会经验可能已经离我们非常远了，可能现在我们大学生都在外面读书，父母要给我们写的第一条经验就是不要借钱给朋友，也不要向别人借钱，一定要保持警惕的状态。

第三种文化亲密性是偷盗文化亲密性。首先，在 Monti 这个社区里偷盗有中间人。所谓的偷盗中间人，就是我的东西被偷了，我知道，然后找他们把东西弄回来。其次，这个社区里有侠盗，所谓的侠盗就是盗亦有道，这些人专门偷那些投机商人的钱，并不一定劫富济贫，但他偷盗的对象是不一样的，穷人他可能就不偷。还有一种偷盗的亲密性就表现在这个社区里的贼偷了东西以后，他会把你的照片、礼物、护照，与你个人情感相关的物件给你还回来。所以当地人说，现在这个社区搬迁以后，整个偷盗就成为人民的一种社会行为，一点都不讲究，偷了东西以后就全部拿走了，把你的身份证都给扔掉，所以他们到现在还对小偷小摸有一种怀旧情结，并且认为这是乡村生活的标志。我想大家可能不会认为小偷小摸是一种怀旧的标志。

所有这些，包括法律规则的文化亲密性，赌博和高利贷的文化亲密性以及偷盗的文化亲密性，在空间亲密性士绅化的继承当中正面临崩溃或者消亡。接着我们要谈的这本书另外一个关键的话题叫作士绅化的空间清洗。所谓士绅化，把它翻译成中文可能有些歧义，叫做 gentrification，我不知道还有没有更好的翻译，它确实在中文里理解起来有歧义。其实 gentrification 的意思就是一簇历史之地，很有文化的那些老旧的邻里或者社区，这些居民面临着搬迁，他们被强制搬迁出来以后会有一些上流社会的一些有钱人进去住，因为他们觉得这个地方有很浓厚的文化气息，符合他们的身份。因此这个过程就是把穷的撵出来，富的有钱的人住进去，这个过程叫 gentrification。其实我们都知道在北京可能有一些地方，比如说以前的皇城根边、城墙边上的那些大杂院、四合院的一些居民，他们被迁到西三环。然后就有一些有钱人，他会进去把整个院子买下来，然后住到这种四合院里。这个可能是在全球都很突出的一个问题。这个是士绅化这个概念。

第二个概念，在这本书里有谈到叫空间清洗。所谓空间清洗，就是把商业、宗教以及社会空间完全分开，制造一种空间群阻。最典型的空间清洗发生在巴西首都巴西利亚，它重新规划以后商业区是商业区，宗教区是宗教区，老百姓生活的地方是老百姓生活的地方，几个空间的功能是完全分离的。你到旅行社区想找一个地方吃饭，都没有。所以这个叫空间清洗。士绅化和空间清洗是由一种叫新自由主义的政治经济观念来加以推动的，所以在《逐离永恒》这本书里，Herzfeld 着重考察了新自由主义，并且认为要警惕新自由主义。

新自由主义有两个非常重要的元素，一个是极端自主的个人主义，第二是市场经济的万能法则。所谓极端自主的个人主义，就是人受市场经济的驱使掠夺财富是合理的、正当的、是要受到法律保护的，这没有任何错。你有能力你可以把它运用到极致，只要你是挣钱，你去获利，这是天经地义、无可厚非的，这是新一轮的做事的真理、优胜劣汰的法则。第二个就是市场经济，以市场取代国家，重新建立起一种政治或文化的霸权体系。对这种新自由主义，福柯有个批判。福柯在他的那本《词与物》里说人的自由其实是来源于他的不自由，因为人要受制于他的词、他所造的物、他的基底。布迪厄的批判就是要警惕这种极端膨胀的个人主义对于集体主义精神、集体主义思想、社会主义思想的侵蚀，因为最终会对社会生活产生毁灭性的打击。Herzfeld 对新自由主义的批判，在这本书里体现出的是，他觉得民族国家在这么多年的摸索当中，其实已经知道民族国家是建立在集体主义或有文化亲密性意识的群体基础之上。如果我们把文化亲密性得以建构的空间把它彻底地荡涤干净，以一种市场取代国家，以文化霸权体系取代国家的各种与民间沟通的渠道，将会是一场灾难。所以他认为对于 Monti 这个社区的民众被驱离出来，应该引起我们反思的就是要特别警惕新自由主义。

对于那些面临搬迁的贫苦的人而言，他们有自己的策略，Herzfeld 把这个策略叫作社会诗学。所谓社会诗学，简单地说，就是任何面临两难困境的个体和群体所衍生出来的一套修辞策略。它分成几个部分：一个是话语体系，以及日常生活的社会实践，还有一个就是社会展演方式。其实就是分成三块，一个是修辞策略，一个是社会实践方式，还有一个是社会展演方式。这种两难的分立包含很多方面，如国家与地方，在罗马 Monti 这个社区里，民众的两难困境最集中体现在神圣与世俗以及简单的内与外的分类体系上。所有的这种面临两难困境的人都会延伸出能动意识，他都有应对这种困境的策略，我们把它叫社会诗学。

具体到拆迁，在拆迁的过程中也会有各种各样的社会诗学策略。第一个策略就是忠诚和团结。我们都知道在中国或在东南亚这些国家，拆迁最喜欢用的一个符号就是国籍。因为他们认为人居住到这里的权利是受到宪法或物权法保护的，这是民族国家的一个利益，谁侵犯这个利益其实就是侵犯民族国家的法律。因此，是把忠诚和团结作为抵抗拆迁的一种诗学的策略。这幅是 Herzfeld 在泰国社区里拍到的照片，可能看得不是很清楚。这幅照片里，这个是一个家庭的一个神龛。按道理说以前这个社区大概有三百人，这个社区的人非常杂，宗教信仰也非常多，有信仰佛教的，有信仰伊斯兰教的。以前他们这种家庭的神龛都是能反映出他们自己的这种背景，但是现在为了抵抗拆迁，他们把这个神龛全部都弄成表示自己泰国人身份的这么一个统一的形式出现，就是表示自己忠诚团结。大家看后面还有两张照片就是泰国的国王的照片，用国家或国王作为一种符号，是一个非常有效的抗拒拆迁的一种策略，我们把它叫做忠诚团结。

还有其他策略，就是现代性的策略。所谓现代性策略，就是居住地的人并不反对现代性，他们有自己现代性的一种规划，这种规划是虚拟的。这幅图就是泰国这个社区对于自己以后居室的内部空间的一种布置。大家看一下，有各种各样的淋浴卫生间，很细化。

还有一种策略是遗产保护策略，因为很悠久的城市它都会有一些遗产保护的策略。这两幅图片是刚才的那本书叫《历史之地》里拍下来的照片。当地的居民会根据当地的市政府颁布的遗产保护策略来灵活地进行选择。如果他想把这座房子保留下来,他就说我这所房子是威尼斯的,威尼斯就是欧洲的,然后当地政府就把它保留下来了。这是威尼斯窗台的一个雕塑,这边是改造之前的威尼斯建筑,这个是改造之后的,用做旅馆的威尼斯建筑。如果当地人不想要这个旧的房子,政府在补贴他们进行房屋的改造或是拆迁之前,他们就说我们的房子是土耳其的。因为希腊政府不仅在进行空间清洗,还在进行一种族群清洗,任何与土耳其文化有关的遗存,它全部要把它清洗干净以便重塑西方文明的源头。希腊政府在致力于打造这种非常干净的西方文明的源头的意识,当然民众有自己的策略,他想用,他就说威尼斯是欧洲的,如果不想用,就说是土耳其的,政府就会出钱帮他们重新拆迁或是重新营造。

在 Herzfeld 考察的这个泰国 Pom Mankan 的社区里,我们来看一下,这也是 Herzfeld 拍的图片。这个是社区里集会的场所。这个社区抵制政府的拆迁大概已经有三十年了,这是一个非常成功的个案。Monti 已经全都搬走了。在泰国,这个社区非常成功。是因为这个社区里的人能够吸引专家、学者、城市规划者,还有很多非政府组织的参与,使这个社区越来越知名。他们甚至在很多场合都把自己的申诉通过专家学者的建议、策略把它递到联合国的人权组织机构去。所以这个地方,当地政府是不敢拆的,因为它一拆就会引起很大的效应,因为现在已经很出名了。所以即便是要拆,可能政府也会给相当好的补贴。所以他们把自己的社区集会场所弄得非常干净。后面是自己的主屋,社区的一个公共的建筑。

还有一个策略就是把自己的手工艺人打造成泰国所有手工艺人的一种象征。如果你要看到泰国传统的手工艺,那只能到我们社区,因此把它做成一个旅游的招牌。社区里仅存的几座房子,他们说是这是典型的泰国建筑,是泰国传统历史文化的见证,也是我们猜的。这是当地社区的手工艺品,有外地游客去了,他们就说这个是典型的泰国手工艺,手工艺人是需要得到保护的。还有更有意思的是,因为很多学者到了这个社区,去参与社区的规划,还去给他们出谋划策,所以这个社区的三百多人都对地方性知识一点都不陌生。地方性知识也是他们运作出来的抗拒拆迁的一种诗学策略,他们自己就设立了他们自己的博物馆,把它叫做地方知识之亭(the pavilion of local knowledge)。这个是 Herzfeld 拍的,这是泰语,泰语的意思就是地方性知识制度。大家看一下,就是在这种建筑里做的地方的博物馆,然后上面挂的鸟笼就是这个社区的手工艺人典型的手工艺品。

最后我再谈一下,什么叫有担当的人类学。有担当的人类学,以前我一直把它翻译成深度参与的人类学。后来我想了一下,有担当的人类学其实并不准确。有担当就暗示着人类学家好像是一个道德的庇护者,一个占据道德制高点的观察者、研究者,他的研究对象是在他的庇护之下,其实也是一种不对称的权力关系,所以有担当的人类学不是特别准确。其实有担当的,我想还预示着一种情感交融、感同身受的情感体验,我觉得这才是有担当的人类学或是 engaged anthropology 一个很重要的内涵。

那么,什么是有担当的人类学? Herzfeld 的论述也不是特别多。在《逐离永恒》里,他大概提到两点。第一个,他说首先人类学家到一个社区里,是一种亲密性层面的参与,这里就包括跟调查民众或是跟你的信息提供人的一种友谊,这是非常重要的一个维度。还有就是对他们面临拆迁、背井离乡这种经验的深切同情以及对人类的尊严将面临被剥夺的一种深切的体验,他说这个层面上是亲密性的参与,所以叫做 engaged。另外要注意区分有担当的人类学跟应用人类学的区别。他说应用人类学是由政府制定实施的一种文化工程,这种工程事先有一些很详尽的规划,有具体实施的细则,并且还有事后的一些详细的评估体系。在《逐离永恒》这本书里,他说这不像是人类学在做田野调查,他说这是官僚机制在人类学田野调查之地机械的一种运作模式,他是反对的。除了跟应用人类学保持一定的距离,还要跟 NGO 的激进主义的人也要保持一定距离,因为人类学的这种参与或人类学家最后要成为一个活动家跟 NGO 的激进主义还是有本质区别的。因为 NGO 的这些所谓人权观念全是西方的那种非常强势的话语体系,这种话语体系到了地方的环境里显然并不适用。只有人类学家才能长期地参与到这个环境里,才能体验到这个社区的民众他们的表述机制并不见得是要输入人权,他们有自己的一些策略。只有人类学这种有担当的或是情感交融、感同身受的参与才能帮助我们更好地去分析特定的语境下产生的特定的言辞或社会展演的方式,这是有担当的人类学。

如何担当呢?我们是人类学家,要进入一个拆迁的现场,如何去担当?当然我认为这是在中国以外的语境中去担当,在国内估计一条也做不了,所以这个只能说是 Herzfeld 教授的经验。根据 Herzfeld 的经验,他是做了这几个方面的工作。(1)组织新闻发布会,就是搞媒体,把不同的低贱的群体代表叫到一起来申诉当地居民的一些观点和看法。(2)组织展览,包括刚才我们看到的泰国社区里地方性知识的陈列和展示。(3)在当地撰写报刊文章,并且他提出了一个非常苛刻的标准就是要用当地语言。他经常说能不能用当地的语言在当地的报刊上发表文章是检验一个人类学家进入田野能获得多大的信息量、能多大程度地参与他所调查的田野之地的事物的重要标志。所以他鼓励他的学生要用当地的语言来发表报刊文章,这点是非常困难的。当然他自己据说用泰语在当地的杂志上发表文章为三百人的社区来说话,体现他所谓有担当的人类学。(4)广泛地与学界、记者、城市规划、遗产保护单位人员、NGO 人员甚至飞扬跋扈的地方官僚交往,陈述愿望,化解分歧。他说他感触非常深的就是他在《逐离永恒》这本书里在 Monti 这个社区里调查的时候,他碰到一个代表市政的官僚,非常跋扈,跟当地的居民关系非常的不好,当地人都非常憎恨他。他说他有一次跟这个官僚聊天,那个人叫他一块儿到车上,然后给他讲了很多事情,他们之间至少有一个初步的沟通。所以他说这些官僚在外人看来无论多么飞扬跋扈、凶狠,但其实还是都有沟通、交流途径的,这就是他所谓的如何参与和担当。但是很不幸,他曾经参与的《逐离永恒》这本书中描述的那个社区的人全都搬走了,全都被赶走了。但是在泰国又非常成功,所以这两个案例的比较,可能会给我们很多的思考空间。

具体到如何参与和担当,我还想到这本书里提到的非常重要的观点,这本书叫《幕后/展示:公共文化时代的亲密性与民族志》,也是今大演讲的所谓亲密性,这本书的编者是密歇根大学的叫做 Shryock 的学者。他认为人类学要担当,要参与,最重要的就是要从事一项文化工作(cultural work)。刚才我们谈到应用人类学做的是一项工程,而这个学者说要做的是 cultural work。他自己是在底特律的一个穆斯林社区来做。特别是"9·11"以后,整个美国社会对穆斯林社区都是一种非常恐惧的、非常排斥的一种心态。他正好是在那个地方做人类学的田野调查,他就帮助外国的人在"9·11"以后如何去理解穆斯林,然后他提出来文化工作的设想。具体地说,这个文化工作就是你能不能写一两页能够说清楚穆斯林社区的族群身份他们的愿望、他们的想法、他们的情感的这么一种宣传手册,这种手册内部的人认同,外部的人也认同,要投资的人认同,然后企业家觉得这个地方有商机可寻。他说人类学家的作用其实很简单,具体而言,就是你能不能够写一份各方都认同、都能接受的一种小的宣传手册,他说这个也可以算文化工作的一个非常重要的方面。我觉得也算是参与和担当的一个途径。

最后结束的时候,还是要呼吁一下。在面临搬迁的社区人类学田野调查的过程当中,我们应该鼓吹一种文化亲密性的空间,要爱护一种文化亲密性的空间。因为文化亲密性的空间创造一种有根的情感家园、记得住乡愁的生活空间。只有文化空间你才能记住乡愁,当然这种乡愁可能包括我刚谈到的小偷小摸,可能也是乡愁的印记。文化空间其实是居住地的居民和民族国家产生认同的一个非常重要的途径和渠道,只有在这个空间里,当地人才能借助自己熟悉的一些事物、比喻来把自己向更大的社会实体进行投射,比如民族国家,忠诚意识才能在这些地方培养起来。如果我们民族国家把所有的这些东西都给拆了,民众根本就没有任何途径来培养自己的认同观念和分层意识,整个国家的根基会非常不稳。最后就是要照顾到居住者的尊严,因为这个尊严是我们每个可能参与到这个社区的人类学家都要有的。这个尊严如果被剥夺了,我们觉得可能也是对人性尊严的一种冒犯,我们应该在这个层面上感同身受。

最后,谢谢大家!

评议与讨论

潘蛟:老实说,Herzfeld 的东西,我们读起来可能有些困难。但我多多少少读过,他的著作的名字我也常听到。我觉得你的这个讲演基本上是介绍了 Herzfeld 的一些基本的概念:一个是文化的亲密性、社会诗学,一个叫有担当,engaged。我觉得这些概念有它一定的原创性。

首先,我来说一说社会诗学。我的理解,文化的亲密性是在讨论一个人群中的某种文化特点,一种偏好或是一种倾向,并不一定所有的人都有这样的倾向。这种倾向是受外面的人歧视的,是这个人群的污点,是外在的人群把这套东西(强加上去的),比如说他们吃羊杂碎,这是个污点,是低级的,这是歧视性的、刻板的印象。被歧视的人群把这种外来人对他的偏见转化为这是我们文化的一个本质,颠倒过来成为它的一种亲密性,这样来生成他们内部的团结。这个问题实际上是以偏概全,是一种换喻。其实在社会生活中,这种刻板印象是一直存在的。它生成的团结或是认同,我个人理解是讨论的这个问题。而这个过程,也可以把它概括为诗化。其实社会实践是很零碎、很杂乱的,这个就把它诗化,生成这样一种身份,我觉得是在讨论这样一个问题。比如认为官僚主义有的时候都是冷漠的、不讲人情的,在这个里面把应付官僚主义的失败归咎于是官僚。因为如果说不是官僚造成的,那就意味着自己的失败。所以自己的失败怎么转化成官僚主义的失责的进程,这里实际上考虑的是这种成见、这种刻板印象怎么在这个社会生活中运转。在这个意义上,他叫做诗学。诗化,就是说以偏概全、换喻,包括永恒,永恒也是这样一个进程。比如说谈到永恒,实际上是生活中社会经验的一些碎片,它怎么样被固化、进化然后又怎样被修正,这是我想求证你的一点。

第二点就是在罗马和泰国拆迁的进程中,也能看到所谓的永恒化、以偏概全,这个社区怎么样把它当作罗马的象征,这样来抵制它。然后罗马怎么样通过市场的机制来把这个社区给化解掉,这个过程现在到所谓的空间清洗、空间的清理这样一个进程。他在做拆迁研究,进入人家社区,听人家怎么拆、政府怎么拆、当地人对这个拆迁是什么态度的过程,就是一个 engaged 的过程。他认为这个时候保持中立是不合适的、不道德的,他有一种行动。他也谈到了他怎么来发布新闻会,征求意见。当然泰国政府对他的态度是不一样的,老百姓对他的态度也是不一样的,包括非政府组织认为他现在变成了一个举足轻重的人物。在这个进程中可能涉及他怎么来 engaged。人类学家进入一个田野肯定是要卷入进去的,那卷进去,你能做什么? 应该做什么? 这样一个问题。我也不知道对不对,你看有没有什么要纠正的。

刘珩:我就简单地说一下潘蛟老师刚才说到的那两点。其实在文化的亲密性这本书里,他是把社会诗学与文化亲密性并列来谈的。也就是说,他谈到文化亲密性是一种内隐的一套策略,比如说我们这个群体,我们都在吃这个,在外人看来这是很让人尴尬的一件事情,这是不好的,但是当地人把它转化成一种自我身份认同的标志。其实文化亲密性和社会诗学正好是我刚说的两个方面,刚才我说的,Herzfeld 建议的文化亲密性,叫作自我的知识。这种自我知识是社会群体内部能够产生亲密意识的这么一种东西。另外一个是如何把这套东西转化成自我的一种身份,就是社会诗学的一个过程。其实,刚才潘老师说得非常准确,两个方面。文化亲密性必须跟诗学这个概念结合起来才比较全面。

第二个,所谓的 engaged,engaged 含有双方的、相互的意思,人类学家觉得我应该为他们做点什么,不由自主地就卷入他们的一些事务里。特别是当你面对的是比较激进的人群,他们正在面临被搬迁,你不可能无动于衷,作为一个有良知的学者,你肯定会忍不住要去做点什么,如成为社会活动家,为他们申诉、呼吁、写文章,向人权组织递交材料,等等。这是人类学家的一个方面,当然对方也在参与,你进来了,我也在配合。最重要的一点,Herzfeld 说他在泰国的时候当地人就会利用他哈佛教授的头衔。当地人觉得这么重要的大学教授,让他参与进来,为我们说几句好话,总之不见得是一件坏事。从这个意义上来说,人类学家与调查的社区群体是平等的,双方都在卷入,这是一个社会交互式的过程。

潘蛟:我们从来都在谈,刻板印象是一个不好的东西。好像在他的著作里,刻板印象在某种程度上或是场景上也是必要的,我们的生活难以逃脱的。好像是在说这个,我不知道对不对。他有时也觉得是不合适的,但比如说官僚主义最刻板化,官僚主义刻板我们,但我们每个人都不一样,他在刻板我们老百姓。官僚主义就这个特点。反过来老百姓也在对官僚主义刻板化——官僚主义都是贪官。

刘珩:其实这种刻板印象里还是有一种交互式的空间,双方可能都会在某一个层面上找到一种共谋的关系,他不停地在说共谋的关系。比如刚才说到老百姓与官僚打交道,他首先就讲这些人其实跟我们是一样的。既然是一样的人,肯定就会有人性的弱点,我们用我们自己日常生活中的那一套个体上的规则,那完全是行之有效的。所以,刻板印象尽管是一个不停的、相互加强的过程,但恰恰是加强的过程加深了实际交往的意义。就是必须通过互动、想象,甚至刻板、污名化才会获得非常有用的社会交往的意义。所以我觉得,共谋关系提出来,意义就在这儿。还有一个听说他在研究罗马拆迁时,买了一套房子,这个是一种 engaged。这是在拆迁之前买的。他是很喜欢罗马的一个人,他对这个地方的感情很深,所以在这个地方买了一套公寓,离被拆迁的地方比较近。

学生提问:刘老师好!因为我也读过您的文章,您在文化转型这个方面有很多的研究。在我们国家社会转型或文化转型过程当中,对这个文化的亲密性或是这个文化一定会有影响,那么作为有担当的人类学家在这个过程中应该发挥什么样的作用?或是充当什么样的角色?谢谢!

刘珩:我记得好像去年人类学高级论坛专门办了一个文化转型主题的会,当时赵旭东老师说以前中国试图走的经济转型、政治转型、社会转型都走得不是特别通,所以现在要转向文化转型。文化转型,在我看来,并不是跟传统的彻底断裂,我倒觉得文化转型是传统的一种延续,这种延续就包括可能以前有很多被污名化的、被刻板化的,所谓文化亲密性的特质,可能在以一种先进文化或是西方的价值体系来看待的时候,可能是要被清除的。那我觉得我们人类学家应该多关注这些文化亲密性的特质,哪怕可能在外部看来是尴尬的或是不好的。

我们还要给正在面临社会转型或是文化转型的群体留出一些文化亲密

性的空间,也就是说让他们记住乡愁。如何记住乡愁,如何去产生符合他们这种家园的情感或是有根的记忆,我想这是人类学要去做的一些实际的事情。我们要去调查,要去明白哪些是他们文化亲密性的特质,他们在用文化亲密性来维持他们内部身份认同时,他们又产生了什么样的表述策略。我觉得人类学家才能做得好一点。如果我们以一种有担当的、有情感互通的观察或研究的态度,我觉得还是有作为的。

学生提问:感谢刘老师的讲座还有潘老师的评述!刚刚他有讲到两个社区,一个是撤离了,一个是成功地保留了,您说这个对比可以给我们一些思考,那具体的这些思考大概能有些什么呢?我还是比较疑惑,到底什么是社会诗学?他为什么会用诗这个词?我始终不太理解,是赞美的意思,还是什么?

刘珩:好,非常感谢!两个个案的对比,一个是分裂,四分五裂导致缺少内部的团结意识才使罗马 Monti 这个社区的人被全部驱逐出去;泰国这边显得在内部比较团结,他们会利用一些民族国家的符号来作为抗拒拆迁的一个非常重要的象征。还有一个是产权的问题。泰国地方的产权就是居住在这里的人,他们是一直都居住在这个地方的,他们有这个房屋的产权,这个产权又会转变成现代意义上的居住权利;而意大利大部分人都是租客,他们的产权人相当一部分是教会,其实是教会和房地产开发商一起在运作。这是两个个案,是不是可以从这个方面思考。还有一个他提到不要急着去改造社区,拆迁的过程越慢越好。

社会诗学是这样的,按照 Herzfeld 的观点,诗学在拉丁语里意味着行动,意思就是我说的就是我做的。他特别推崇一个人的书,作者我忘记了,就是《如何用词语来做事情?》。所以社会诗学就是一种社会实践、一种社会生活的行动准则,任何说出来的话都是有行动力量的。所以我想他用社会诗学可能是出于这个词源,就是意味着行动。

(李修贤整理)

弗郎索瓦－于连的中国镜像与儒学的困境：没有历史研究为基础的思想史研究如何可能？

主讲人：靳大成（中国社会科学院文学研究所研究员）

主持人：张海洋（中央民族大学民族学与社会学学院教授）

我先简单介绍一下于连，他在90年代以后不断地出了26本书，翻译成20多种语言。而且最有趣的是，他也是法国的事业哲学会的会长，第七大学的教授，远西远东杂志社的主编。越来越火，在我国大陆、台湾地区及日本的影响也多。大陆的很多翻译和对话者对他全部是赞扬，很少有批评。唯一有批评的是杜小真女士，她是《迂回与进入》这本书的译者。我看到她和于连的对话，有点儿不太满意，我不是批评杜小真女士，只是觉得二人的对话有些不太对等。好像一般在文学理论界里有这样一个惯例：只要我翻译了什么，我似乎就是这个领域的专家。我不太认可这个。翻译是个很特殊的领域，特别是翻译理论著作，进入里面的理解的脉络，怎么去翻译核心的概念，处理复杂的意思。翻译这个东西，一般来讲，即使会成为了解很深的人，但不一定是真正地能把他的思想弄清楚的，我没有批评杜老师的意思。我觉得在他们的对话里，她没有把问题展开。如果追根溯源的话，就是因为杜老师做西方的思想史做得比较好，对中国思想史和现状方面的动态并不是特别地熟悉，这造成他们的对话中的不平等。我想如果不是毕来德批了于连的话，我不想搅这趟浑水。但是我们知道毕来德在法国汉学界是个老前辈，比于连的岁数还要大，应该是上一辈的学者了。他的庄子研究和庄子四讲说实话我是很佩服的，受到很多关于庄子思想的启发，他的翻译解读都是很精道的。但是我看到了他这本小册子《驳于连——目睹中国研究之怪状》，看完之后真觉得这好像不是出自同一人的手笔。我在想为什么。这样的一个学者他对异域中国两三千年前庄子的东西，有一个如此周备精深的理解，这里面的很多东西我们自己都没有体会出来。为什么他对他的同行，近在身边的当代人于连的误解却这么大，这是为什么？当然我们也可以说同行相轻啊，没有关系。所以我又仔细看了这本驳于连的小册子，他特意强调他的战斗性。我们都知道法国大革命的时候，这个小册子的形式就是来自其中的。法国的传统是很有趣的，这些小册子就像我们发微信和微博一样。当时你写的一个小册子，是一个对大街小巷影响很大的形式。所以很多作家就说，假如你写一个小册子，立刻就会被国王砍头。当然，你真把这个思想十四页写成一千四百页的时候，国王就会把你请出来，成为座上宾，你就变成了专家、学者、教授、御用文人等，其实思想都一样。小册子是在法国首先兴起的一个论战的形式。于连特意采取了一个小册子的形式，大概他的正文不超过3万字，后又加了两个附录，是回应后来他们在辩论当中的一些问题的。看完之后如果我非常庸俗、幽默化地总结毕来德的小册子的话，他大概的意思有三点。第一，为什么像于连这样的一个所谓的汉学家，而不是我们这种真正的汉学家，这么吃得开？著作被翻译成二十多种语言，而且企业界、文化界、商界都在请他，而我们的影响只能在学术界？他的影响这么大，所以我们必须要迎击他。第二，他的方法论错误，包括他的曲解。第三，也是最重要的，在他看来，于连所辩护的对中国的特色的描述其实是和秦帝国这个历史现象是分不开的。当然他是影射了现在，就是说，为什么你明明看到了中国的专制这样一个巨大现实却不去抨击，却绕开了为它作辩护，然后你做了种种有利于你自己的解释，好多不利于你的解释你却不提及。这是我做的三个总结，直接针对他这几点。比如说有时候我们也会批评一下于丹之类的，很多学者就会觉得我们都是老老实实做学问的，结果她却那么出名。好像毕来德有点儿吃不到葡萄就说葡萄是酸的。我看过于连的一个给商界人物，尤其是给在中国投资遇挫折了的人的谈话，我觉得很佩服。我觉得在异国他乡几千里外有这么一位金发碧眼的人，中文说得比我都好，古文功底也很好，我是很受他启发的。他对中国的现状，给法国人出的主意，我觉得他是懂中国的，而我们不懂。他应该拿那么多法郎、上电视、有着很大的影响。他的出发点是非常独特的。

下面我要进入一个为他辩护和解释的阶段。第一，他为什么要做这个工作？我在这里提到了几本书，比如《势》（1992年）、《迂回与进入》（1997年）、《功效：在中国与西方思维之间》（1997年）、《道德奠基——孟子与启蒙哲人的对话》(1998年)、《(经由中国)从外部反思欧洲——远西对话》(2005年)等很多。从这几部著作中你可以看到,他有一个非常有趣的想法。他经常说,我不是要研究中国。显而易见的,他是要把他自己与其他汉学家区别开的,并不是要成为汉学的专家,而是要重新通过中国迂回绕道,去理解希腊的思想,是要找到自亚里士多德工具论之后的一个新的工具论。我看了之后,觉得这句话为什么不是我说的,实在是太牛了,太有抱负了!他这么做有他的远大的抱负和目标。他在许多本书里提到的意思是说为什么找中国?找印度行不行?不行,因为印度和欧洲的来往太密切,还被殖民过。日本呢?也不行,因为日本不是原生性的,受中国的影响太多。只有中国是一个和西方没有发生过关系、语言完全不同、概念完全不同、经历过独立的连续性的几千年发展的国家。这个文化对于像他们这样习惯了亚里士多德思维,张口闭口就是本体论、上帝、自由的人来说,说来说去说到最后终于发现有一个跟他们不搭界的文明,其所讲的话、使用的概念、眼光是完全不同的,这样才有可比性。从他一开始进入中国学习的时候有这样一个想法,从古希腊的这样一种形而上学中挣脱出来,换一个想法,这是第一。

第二他认为哲学完了,从古希腊和罗马的思想到今天,我们是不是还能真正地推进哲学的思考方式,用什么样的办法来确定自己的目标?这需要一个参照物,而他认为这个参照物就是中国。我们一方面对于学外语的人很佩服,但是外语好了之后,理论性和概括性一般来讲会弱一些。你对一个东西熟了之后,你会穿越语言的障碍,而对思想有了一定的理解。我们都会有这个经验,我们拿到一个文本,不管是理论性的、哲学性的、历史性的还是小说,这个文本在你手中一过目,如果你经验老道、对这个领域比较熟的话,你马上就发现哪儿译得好哪儿译得不好,这是一个修养的问题。其次,真正对这个专业有理解的时候,我们确实能够穿越语言的障碍。但是恰好就是中文这样一个东西对欧洲语言造成了一种张力以后,首先他就要在专业上、翻译上跟法国那些翻译学家们开战。怎么翻译一个词确实构成了他们最重大的分歧,谁也不好说谁的汉语更好,就比如说我们两个人摔了跤了,我没办法说我比你疼。但是谁的理解力比较强,这是能通过你的译本、你处理的一个概念能看出来的。为什么毕来德要驳于连,因为毕来德关于庄子的理解超过我们国内的很多学者,我很惭愧,说实话我也通过他学到了很多新的东西,作为一个

中国人很惭愧。但是为什么在我看来在一个基本的事实面前，你们说话却突然间慌腔走板了，好像不遵守语言的法则了，为什么？这里面一定有些原因。刚才我是简单地说了毕来德的一些观点，如果感兴趣的话可以看他这本小册子。现在他们的争论又有些升级了。我也想通过这样一个迂回，借于连的这样一个说法，认识我们自己，以及我们自己的这段历史。

我先简单说一下他的大致的观点。于连的特点有几个。第一，他比较好地描述了中国传统思想中兵家的思想。什么是兵家的思想？简单说是权谋，兵者，诡道也，能而视之不能，远而视之近，近而视之远等。于连非常敏感地发现法家、道家、兵家的思想有一个结合点，我们可以叫无为。他非常敏锐地发现，好的中国的权谋家、政治家、军事家包括商家，经常不会主动地出招，他怎么才能战胜对方呢？他先让自己不可败，然后让你变得不可胜，之后跟着时局的变迁，在某个点上加一点力，叫顺势而为。我们可以联想到太极拳和毛泽东的游击战。他把法家思想中特别是韩非思想中的一个部分和鬼谷子的一个部分，加上道家思想的一个部分，提出了我称之为“于连模式”的这样的一个东西——在初始的时候我就站在一个有利的位置，战略上占有先机，然后顺着力量对比变化的趋势，我加一点力，让你自然由阴转阳或由阳转阴，从胜转为衰。为什么这个外国人能把这些东西研究出来，我这里做些诛心之论。第一点，他是 1974 到 1975 年“批林批孔”的时候在复旦学习。第二点是改革开放以后，又被请回来在北大教法语。就是说他先是一个学生，然后又变成了一个老师。他的身份变化了。这两段经历给他最深刻的就是“批林批孔”。他经历了“文革”后期的阶段，也举了邓小平的例子。从“文革”后期邓小平突然复出，一下子又被打倒，然后又恢复。从“批邓”到邓小平的错误，再到邓小平同志的错误这样的一个过渡，你会发现一个词语的位移、滑动，清淡柔刚，分寸的拿捏，他全都亲历了。同时呢，他也讲到了“文化大革命”时期的一些文体模式，这些模式于连是亲身体验过并烂熟于心的。当然长期以来他也对这种文体模式感到了厌烦，并对此作出了当时来说已经很不易的抵触与反抗。关于这一段，有一个例子是关于当时的集体活动，有个文本这样记录：“他没有身体不好，就是不想参与集体活动……”表示对抗当时的组织，但是对抗到最后，结果是校方不再针对这个事情，反而以缓和的态度来面对这个问题，觉得不能把一个“热爱中国的法国青年赶到敌人的阵营里面”。还有个例子是,“文革”结束后,我们国家也致力于同国际接轨,于是相对来说整个社会环境开放了很多。这个时候,于连也开始给各地高校老师讲解一些比较新潮的主义,把大量的现代主义整过来,但是后来国内开始出现反精神污染。他太了解中国了,于是他又开始反击,找到负责人,用诸如“破坏了中法之间的友谊”之类的言辞抗议,“也不再讲中文,还带了个翻译”,最后校方作了妥协,他的反击又得到了效果。

讲了这么多,我要提到一个问题,即人文科学研究一个非常特殊的地方在于,有时候的一个解读根本找不到证据,例如对很多历史没有证据和考古的裁量证明,可是我们知道它一定是这样的,通过我们对于古人的理解和历史的追究,对于传统文化应该有这种自信。但是我们也应该看到中国一些传统文化中的东西在西方并不能找到合适的词汇可以理解。于连注意到这个问题,他想开辟认识西方的一条道路,但我认为他并没有找对基点。其中在于我们所生活的环境中很多东西并不能简单地通过外语的学习就可以领会到。关于这些东西庄子学说中也是渗入其中的,那就是关于迂回的问题,操控这样的词语是有技术性的,比如术语和范畴,这种混沌模糊的东西真切地感受的时候会发现缺乏一种工具,具体无法量化。“顺势而为,水到渠成”,中文的理解不会有什么问题,但是在于连的理解里就有问题了。比较明显的在于,于连亲历了一些事情之后,质疑孔子《论语》里面为什么不对人下一套定义,我对他的这种说法有所保留。其中主要的差异在于东西方人理解思维的差异。至少我认为,孔子完成了两个具有重大意义的事情,地的概念退出了,天的概念产生了,孔子对于天的概念诠释得非常完善。但是于连也有其自身的优势,他看到了孔孟关于人的差异,主要是主体间性的问题。孟子强调了人我关系问题的重要性,不考虑对方感受的一种所谓科学的客观性真的就是帝国主义的逻辑。不照顾对方民族感受的客观性就不是真的客观性。他强调的是人我,人物,人己。于连则认为现代社会中的精神的、心理的、文化的冲突的道德科学都是可以重建的。他比朱熹更清晰地看到孟子说的也是一种战略。于我自己而言,于连最聪明的地方在于把法学式的思想贯穿到了儒学中。用推己及人的思想来治理天下,创造性的利用了儒学、法学、兵家的思想。从批判的角度来看,于连认为论语的特点是有话不直说,这点上,我也认为在今天论语最大的问题在言说上。孔夫子“不言、少言、罕言”非常明确,这种说法很清晰。如果把它当作一种策略，那就是偏了。我认为他这是把理解的方向转到了他所希望和喜欢的方向。我虽然不是专门做语言哲学研究的，但这其中涉及了一个非常重要的问题——言的问题，到底说不说话，或者无言的问题，在中国文化中真的不是一个非常含蓄的问题。有的时候在迂回的问题，在顾左右而言他的问题上，真的不是一个含蓄的问题。我不否认在现今官场、商场上并不少见。我自身而言是受到了很大的启发，并不是在批判他。但是在这个问题上来说，历代特别是两宋以来，儒学确实经历了一些变化，与它原始的一些释义有差异，但是不能因为这个原因全盘否认它原初的思想，即视为功利的思想。就是因为他缺少了对中国传统文化本身一些不需要言说的东西的理解，他的理解才出了一些偏差。但是我们应该看到于连确实看到了一些我们没有注意到的问题，鉴于时间关系就不细说了。

我认为作为一个中国人理解孟子的优势在于感同身受的理解，我们有这样一个深厚的传统文化积淀下来的文化氛围。但是在于连这里，他没有这个积淀。历史是一次性的，复原不了，但是留下来的一些蛛丝马迹确实是能把原初的东西慢慢地显现出来。

于连认为中国学习的方法不是直接瞄准它，不是寻求它，而是获得它，这充分体验了功利的思想。我认为这是他独到的地方，在我看来荀子是一个集儒家之大成者。从另一个角度来说，有的学者虽然并没有于连那么精通中文，但是正是在这样一个基础上他有一个比较客观的立场，解释得也是比较中立。于连则是通过迂回中国回到欧洲的，并且中文相当好，他是有这种远大抱负的。用荀子的学说解释就是把优势发挥到极致，而忘掉自己的弱势。他对今天生活认知的偏失造成了他对古代学说理解的偏差。古今问题困惑了我们好多年，至今仍然没有解决。通过于连我知道了我们传统文化的糟粕精华，他也启发了我。荀子总结了从孔子到孟子的所有的精华，儒学的创始人则总结了几千年动荡的历史，认识到了其中惨痛的教训。荀子是非常清楚的，他在试图把这些东西系统化。我们会习惯性地为了批评前任而说他是在为统治阶级服务。在这个意义上来说，不同的国家不同的民族遇到的问题很多都是大同小异的，但是历史积淀不同，往往在这点上失之毫厘，造成历史轨迹就不一样了。先秦时代的思想方法，形成了一整套体系，规定了后来的解决的方法。同样的，西方国家也是这样。仁的思想，义的思想、礼的思想，除了烦琐哲学之外,儒学作为传统文化的一个核心在逐渐丧失。但是单从概念上推求儒学,能不能起到社会的一个文化功能?这受到一定的质疑。总之,西化运动以来,五四运动激进的批判我认为是一种应激反应。但是在正常的环境中,这样的应激反应会造成一定的伤害。我们中国文化的面貌特征以及盲点在哪儿?国外的这些汉学家对传统文化的研究会给我们造成怎样的启发正是需要我们国内学者思考的。

评议与讨论

张海洋:我们还是很高兴,靳大成老师很高屋建瓴,我们由衷地感谢。首先,我觉得整个的讲座可以概括为"易经",以今人在求古人的心,还有一个中外的心,把我们自己的心换成外国人的心,换成洋人的心。我认为涉及两个东西,一个是中外文化的比较,最高的就是这两种文化范式的比较,只有很少的不兼容才是值得引起注意的,这是有很大启示的。例如于连看到印度不行,但是看到中国却觉得是可以的。无论是从文化的原生性,还是说载体抑或只是传播的方式,重要的是关注的重点。作为文化持续的存在的问题意识,靳大成老师给我们作了一个很好的启示与提示。但是主体在各位同学身上,人文学科的知识并不能完全地灌输进去,结合自身的特点能吸收多少就尽最大努力去吸收多少。很多学者认为古之学者为人,今之学者为己,但是最根本的东西还是得反思自己,其实是一个修身养性的过程,能够丰富自己的知识,正像靳大成老师讲的那样。其实所谓的民族学、人类学也是局限于某一个地方的,并不能囊括所有。这也正提出了一个问题,即换位的问题。我们往往会觉得,某些事情越是不懂的人越有利,反而是越懂的人被同化得越深,这也正体现出了荀子的利弊问题。因此呢,不要忌惮别人来研究本国,从某个角度来说可能也具有一定的启发性。接下来就可能涉及民族关系的问题,我们可以好好思考。我们应该好好思想,我们这些汉人总觉得比少数民族高明,这在某种程度上是可笑的。因此,从这个意义上来说,翻译过来的东西并非完全适合少数民族,还是应该尽力尊重其民族本身的文化传统。我认为两种语言之间是有距离的。

各位同学,这个讲座虽然有点难懂晦涩,但这是一个学习互动的过程。

现在，大家如果有什么问题，根据自身的生活经验，感到困惑的问题都可以与靳老师进行交流互动。

学生提问：老师您好。首先非常感谢您给我们打开了一个非常广阔的思路，我有三个不太成熟的问题。您说您是做翻译工作的，我之前听过一个说法，哲学像诗一样，无法翻译，您怎么看？第二个是您之前提到莫宗灿这些人，有人说他们借助西方哲学那样一个康德似的体系来解释传统的儒家哲学，形成了中国的新儒家，有人说这纯粹是一种西化，您觉得我们民族的文化要复兴的话，这种西化是一种必由之路，还是他只是一种全球化？最后一个，有人说我们伟大的党开始正在由马克思主义的正统向儒家的道统转变，我不知道您认为这种说法是否有其合理之处？如果有的话，这种转变的可能性有多少？谢谢老师。

靳大成：好，这位同学讲得很好，我不是做翻译的，只是做过翻译，而且现在看来是不自量力的。你说的诗的不可译性得看在什么意义上说。语言的不可对译性和理解这两者之间还是有一定的差别的。如果是不可理解的话，就没有哲学，只是在理解的程度上存在差异。世界上没有永恒的执政党，这都会有一个历史变化，只要放在历史的长河里，这就不是问题，但是我们也要看，当经过"文革"这样一种特殊的历史时期之后，在今天怎么去看一个执政党在意识形态中对传统文化的态度，这很重要。全世界中挨着个数，几乎没有一个国家像中国这样，只有我们在现代化过程当中把自己的文化和老祖宗打翻在地，踏上一只脚让他永世不再翻身，看看我们周边，日本、韩国都没有，他们的传统文化保持得很好，各种现代化理念也有，制度设计也有，行为规范也有。是不是真正地挣脱矛盾呢？当中国共产党带领我们国家走向世界大国的行列的时候，他在文化上应该有所作为，这是一个期盼吧。这个问题很好，你可以做论文。

学生提问：您今天又讲到很多中国古代是很多经验的直观，基于历史的不一定仅仅是文本的。所以以我很浅显的理解来说，似乎人文的知识不完全能通过文本来传播。古代中国的人文知识的整个的经验传授、知识的传播和积淀的方法和西方的逻辑性的文本表达性是不一样的。而且这些表达方式古代的文人是可以懂得的，这是为什么？还有一个问题就是，您刚刚说我们比较强调文化的连续性，但是我们有时候会觉得古代的文言文和现在的白话文就像两种语言一样,那么我就想问我们的文化是连续的吗？就像古代的人,他们就算不是知识分子,也懂得什么是“仁”,而我们现在就算是知识分子,很多也不知道什么是“仁”,那是不是现在的儒学不太有活力？为什么会这样呢？谢谢！

靳大成:其实这个现象是这样,不管你是大学生还是研究生,只要你对先秦这套东西不是很熟悉的话,可能像毕来德和于连这些人就了解得比我们要多得多。在这个意义上,中国传统文化中有一部分确实是被我们对象化了。就是它是外在于我的东西,我是可以对它做客观研究的。可以与我们的生活没有关系,这个断裂已经有了。这个断裂不怨你们,而是我们现存的教育体制造成的,并仍在加大这个裂痕。就我们文学系而言,生活和知识之间是被割裂的,文科大学生在这个知识领域中的学习也是割裂的,我是反对这个的。你首先得在这里生活,如果不在这里面生活的话,那么你学习的东西对你来说就是一套博物馆化的东西,是死的东西,它不支配你的行为,不进入你的思想,对你的信仰、视角都没有影响。这可以称之为“纸上得来终觉浅”的学问。也许一个人他研究甲骨文研究得很好,可是他的心灵是现代的,对中国的传统文化有一套很现代的看法,这是我们150年来面对的很大的现实。怎么办呢？我们是回不去的。我现在不一定能回答你的问题,但是你给我的思考是这个。怎么办呢？首先我觉得能做的就是像孔子他们那样,从改革教学入手,包括基础教育,也包括文学院怎样去面对经典的问题,这个观念首先要变。而不是像现在大学里这样知识分段,针对学科、专业划分这样一种方式来学习它。在我看来,中国传统文化里的东西影响了我的审美、风格、语言表达,它是我生活的一个支撑点。但在你们身上没有,这不怨你们,这由我们的教育体制和150年的历史共同构成。7月份我跟着一个团队去贵州支教,待了不到二十天,每天有一堂大课,我给他们高二的学生讲传统,就讲《论语》。我按照我的方法,将《论语》生活化地讲授出来。讲完之后他们分成小组,将《论语》戏剧化,将我讲的东西用舞台上的表演方式呈现出来,这就需要你角色的带入,这么一来,不用背,全会了。

学生提问:老师好,我是纳西族人,来自云南丽江。刚刚和海洋老师在私下聊天的时候我很惭愧地跟他说,您今天讲的这几个人我都不认识,这可能是我才疏学浅。我有一个问题是,有这样一句话“礼失而求诸野”,不知道您有没有听过宣科老师的纳西古乐？当时宣科老师介绍纳西古乐的时候，他说："各位兄弟姐妹们，我们即将听到的是1500多年前的音乐，它被我们的纳西兄弟保存了1000多年，如果没有这种保存，我们就再也听不到这种音乐了。"而且像我们云南这样比较偏远、没有主流话语权的地方还保存了许多曾经在中原地带盛行而现在又消失不见的传统习俗，您是否想过，以后再说"礼失而求诸野"的时候，这个野会不会跑到国外去？

靳大成：新的一轮的危机确实是很大的问题，新的一轮城镇化让我们都没有家了，真的就是连根拔起了。没有办法，但是我们不能只是做一个哀鸣者。文化中有些东西可能不会原汁原味地全部保存下来，但是其中有些核心的因素会换一个方式保存下来。就比如说现在延边地区的一些朝鲜族的传统在朝鲜都已经消失了，更不用说现代化速度十分快的韩国了。但是有些传统的习俗他们仍旧保存着。面对这个历史大潮，谁也没有办法，但是在研究的过程中我们会非常细心地挑出哪些形式上的东西是传承下来的，哪些东西是流散了，哪些东西是影射开了，而又有哪些东西是改头换面了。前些天我看了一个话剧，名叫《卤煮火烧》，意思就是我们老北京人爱吃的卤煮火烧随着洋快餐的进入而消弭了，我知道这个过程可能没法对抗，但是相反的，现在肯德基里面也出现了中式早餐。它可能没有我们小时候的那样原汁原味，但是它会换一个方式流传下来。悲观和乐观是一种情感上的东西。特别是对你们民族里认为好的文化符号进行再符号化，这是使命。

学生提问：您刚才提到于连说，他不是要研究中国，而是要通过中国来研究希腊。那他对希腊有什么新的认识？这种新的认识对他以中国来作为参照物来理解哲学又有什么新的启发？

靳大成：我觉得于连之所以成为很有争议的人物跟他的想法和身份很有关系，他是双栖的。但是他的出发点我是赞同的。当哲学和我们的思考不能再按照原来的路子推进的时候，怎么才能使我们的问题重新问题化，这是重要的。通过中国他会重新思考他那些概念。比如说他描述了一个伦理学的过程，好像没什么创建，但是他给了中国这样一个例证的时候，这是西方哲学史上没有的，这是第一个。第二，我认为他有启示性。首先你不能习惯于一个东西，你要让自己不舒服，他首先在翻译上进入这个程度。我们在采风的时候进入一个新的环境，你不能用你既有的知识体系来解释你所看到的东西,那不是你看到的东西,那是你想看到的东西,只有把你悬挂起来才可以。其实越是我们熟悉的东西,那种经验的表达,才更有问题。

学生提问:您有一句话说:“不考虑对方感受的社会科学是有问题的”,我想问的是,你怎么知道我们所考虑的感受是对方的呢?怎么才能解决这个问题?

靳大成:我之所以这样说是有我自己的经验,比如说,我会遇到日本的学者,这会牵扯到历史上的一些问题。有时如果不注意对方的感受是什么,当然是有问题的。有一次我在韩国交流的时候,他们提到了一个历史敏感问题,我就跟他们说:“历史上朝鲜民族是一个单一的民族,所以在中国史学家讨论到东北的问题的时候,要注意到你们的感受是什么,尊重你们。反过来,如果你们一直专注于有利于你们的客观性的话,这种所谓的科学的客观性就是不存在的。”

学生提问:您刚才说有些感觉是无法用数据来直观地表达的,需要一种合理的想象。我想问的是,您说的这种合理是不是指在理论和范式下的合理就是合理,但是您是怎样面对一种想象在某一范式下合理,但在其他的范式下不合理的情况的?

靳大成:对,这种问题我们会时常遇到,可是我们没有证据来证明这个问题,没有科学的标准。但是我相信他一定存在过。我没有见过我的爷爷,但是我相信他身上存在的一些东西通过我的父亲传给我了,但是你让我拿出证据来,没有,这是需要一些合理的想象的。也包括有很多史料是残缺的,你怎么把它说圆呢?文学所谓的虚构,虚可能就是实。我们在研究的时候都会遇到这样的问题,这个时候你就是需要想象了。这个想象符合经验,我们都认为你说得对,但是有人说了,是不是还有别的可能啊?学理上可能是的,可是我们仍然相信这个解释是对的。

学生提问:您说于连对于中国文本的解读是带有“文革”经历的影射的,我想回到这个题目上来说,一个完整的思想史是如何书写的?您认为是以文本为基础加上经验来书写一个思想史,还是有其他别的方式?还有就是您对葛兆光的书写方式又有怎样的看法?

靳大成:对于于连,尽管他的争议很大,但是我是很佩服的。因为他缺了一个东西,就是我们的通感和常识,这使得他对有些东西的把握在我看来是不准确的。可是正是因为他与我们之间的这种差异，使得他对一些在我们看来是无意识的东西就很敏感。其实我们真的需要穿透语言的陷阱，突破范式，用历史主义、经验主义、人文主义的方式来给出我们相信的对的东西。

学生提问：刚才您提到，今天的中国有一些混乱的状态。但是同时我们又听到了一种来自新自由主义的声音，这多多少少也会有些影响。我不知道您是怎样看待新自由主义这样一个从共产党执政的背景中生长出来的新思想？另外，您是怎么从儒学这样的一个传统中看待新自由主义的？

靳大成：新自由主义是特别复杂的一个问题，我自己是一个模糊的实用主义的态度。我从来没有说过新自由主义有什么错，在中国这样一个文化变迁的大背景下，你说对了的时候我就支持你。今天中国面临的问题这么复杂的时候，我对知识左翼和自由派的争论是不感冒的。

张海洋：各位，由于时间也真是够长了，靳大成老师今天也多奉献了一个小时，也感谢各位，回去认真读书，现在我们以热烈的掌声感谢靳大成老师。

（牛春辉整理）

文化与发展

▶发展人类学视角下的川滇泸沽湖地区摩梭人文化生态旅游发展

▶援助与发展——以西藏新疆为例

▶车景车境:一个中部“四线”城市的生计生态

▶排他与兼容:当代蒙陕交界处敖包祭祀

发展人类学视角下的川滇泸沽湖地区摩梭人文化生态旅游发展

主讲人:陈刚(云南财经大学经济研究院教授)

主持人:潘蛟(中央民族大学民族学与社会学学院教授)

今天潘教授让我讲应用人类学这块,有些东西,我就梳理了一下,觉得主要从人类学的特征、发展人类学及发展定义、发展人类学历程、发展人类学与民族文化旅游、云南泸沽湖摩梭人文化生态旅游开发及国外案例比较、讨论与结语这几个方面才能把应用人类学或发展人类学讲得稍微透彻一点。

这是一本在美国的人类学教科书(如右图),是我的一个朋友编写的。他总结了一些人类学的特征,第一个就是 Anthropology as a science of discovery,这个在美国有一些争论:人类学到底是 science 还是 humanity? 但是他说是 discovery,但 discovery 找什么呢? 它是找社会发展的一些规律。第二个大家都比较熟悉了,是 holism,这是人类学与其他学科的区别,在这儿我就不提了。还有就是 relativism 和 cultures in context(这个与发展人类学还有些联系)。人类学另外一个特点就是 fieldwork,不管是做应用的也好,还是做其他的也好,做民族志都离不开 fieldwork,这大概是人类学一个标志性的东西。

这几个图片,大家可能见过吧? 看过没有? 这在我们那个年代是很时髦的,那这说明了什么呢? 我们讲 Culture is adaptive,这是文化的第一个说法。人与动物的区别是在文化,文化帮助人适应不同的气候、不同的环境。第二点讲了 Culture is always changing,这是以前人类学家受好多其他学科批判(的地方),现在我们人类学看文化,并不是把文化看做是固定的,看做是不变的,那么文化它总是自己在变,无论是外部原因还是内部原因,它总是在起变化。那另外一个与发展有关系的就是 Culture is integrated,什么叫 integrated? 就是它是相互关联的,即如果某一个东西来了,它会带动整个社会的一个空气变化。比如说计算机来了,它带来的变化不只是现代技术、信息技术,它可能使家庭也发生了一些变化,也可能使社会道德、价值、社会观发生变化。如果你们还记得这部电影的话,就会知道。这个就是从他们部落掉下一个空瓶子,就没完没了。一个空瓶子能带来什么变化? 但是他们为这个瓶子就开始争吵,因为这个瓶子比较硬,砸这个坚果比石头好用,后来一气之下就说要把这个瓶子扔了,扔到天边去,为此发生了好多故事。

那这几个对文化的认识与我们的应用人类学和发展人类学多多少少都有些关联,讲这个就回到这个讲座的主题——发展人类学。那我们先对发展人类学下个定义:发展人类学是应用人类学的一个分支学科(传统上是四个分支学科,但现在在美国有些人有争议,认为还有第五个分支——应用人类学。人类学要应用,它的应用性就变得越来越重要,它的影响还是蛮大的。回头我慢慢讲,你就会看到发展人类学的发展实际上跟应用人类学的发展基本上是互助的)。它作为一个分支,研究人类社会发展的问题(如贫穷、环境恶化、饥饿),并应用人类学知识去解决这些问题。

先讲讲发展这个概念,发展(develop)一词 17 世纪出现在英语中;18 世纪为生物学所用,用以指涉人类心智的发展,与进化关系密切;到了 19 世纪成为社会科学古典进化论的关键词之一,特别用于解释经济变迁,尤其是工业化和市场经济的变迁过程。大家也都知道人类学成为一门学科也主要是从19世纪末开始的,所以这个词与人类学的起源有些相关的含义。那么早期的人类学讲进化论、古典进化论,所以这个词用得比较多一点。到"二战"以后,发展这个词包含了这几个方面的内容和这几个方面的概念,它是很有古典进化论的思想的,把发展看作是一种进化,发展和进化有点相等,特别讲传统向现代化的过渡。第二个他讲技术进步被视为发展的关键部分或动力,"二战"以后,特别是技术进步谈得比较多一点,好像技术变迁,全世界都能发展起来,其实情况不是这样。那么,第三就讲市场经济的扩张和理性经济人的培养。刚才我提到云南那个时候经济界的说法,叫做市场经济的大炮轰开了传统山寨的大门,有些争论。大家可能知道以前云南的一些少数民族地区,特别是傈僳族地区,他们不太愿意见外面的汉人。那么一些交易,比如鸡蛋会拿绳子拴起来往外面一放,一些小商小贩就拿一些小盐巴之类的东西进行交换。这种交易跟理性经济人是没法比的,是完全不同的。"二战"还有一个从人类学来讲比较糟糕的就是说传统文化被当作发展的障碍或对象,这在经济学界是肯定的了,市场经济要把这些全部都消灭掉。

20世纪末以来,有一个发展人类学家叫Nolan,他在2002年的一本书里有提到这么一个东西,他说发展是Attempts to improve conditions of life for people,focusing on raising standards of living, building local capacity, and encourage local participation and decision making. 那么,现在的发展概念都包括participation,即参与式,还包括后面的decision making。总结起来就是这四个关键词:第一个就是improvement,即改善生活、改善设施;第二个就是empowerment,即有权利参与决策过程;第三个是participation;第四个是sustainability,这是20世纪末以后的一个概念,可持续发展。

我再梳理一下,我们看发展人类学的发展历程,从中对有些概念还可以再做一些梳理。发展人类学基本上的发展历程与国际上发展政策和发展实践的演变有些关联。也就是说跟人类学一样,它在19世纪末之所以能成为一门学科,是与大英帝国殖民地管辖需要有些官员去培训有关。那发展人类学也是"二战"以后才开始的。"二战"以后有几个大的事情,一个是重建欧洲,就是马歇尔计划,还有美国和苏联争夺第三世界,杜鲁门推出一个"四点计划","四点计划"是援助第三世界的一个计划。战后50年代,1955年开始,从

1955 年韩战结束以后，国际发展项目增长比较快，这个时候——50 ~ 70 年代，这 20 年间的概念是给你钱，给你技术，给你投资的这些基础设施，然后给你西方式的工业，给你西方式的农业和教育，你就应该发展起来。到了 70 年代末，前期投入到 70 年代，因为投入有一个时间，时间到了之后，在进行评估的时候就发现完全不是那么一回事。有好多评估觉得钱也投了，人力也投了，反而效果不好，引起很多矛盾，甚至有些更穷了。

举个例子，他们在海地那边发现美国有好多人到海地旅游，有些有钱人发现海地的医疗设施很糟糕，医院也很破很穷，设备也没有，他们就回去募捐，然后整了一个很现代化的诊所搬到了海地，但是 10 年后那个诊所还在仓库里放着，都发霉了，也没有打开，用不了。他们就开始反思：为什么现代技术也有，而当地人不用？还是用了之后没有什么效果？到了 70 年代以后开始反思，对 50 年代到 70 年代的发展方向进行了一些反思，就发现光靠技术并不一定解决问题，这个时候就开始发展一些新的方向——城市化基础建设项目，社会方面的发展项目（如健康、教育、医疗、住房等），还开始注意乡村发展项目。70 年代到 80 年代，这十年有新的变化，也就是援助第三世界的投向有新的变化，然后强调一点——发展要适应于当地的自身资源或技术水平。这是从 50 年代到 70 年代所吸取的一个教训，也使 70 年代到 80 年代有新的发展意识，有新的一些提法。就是 Watchwords：Decentralization of services and of decision making，community participation in planning and implementation. 什么意思呢？就是去中央化，把各种服务、决策去中央化，让地方、让社区自己来掌握一些东西。

到了 20 世纪 90 年代，国际发展又有了一些变化。80 年代从阿根廷开始就发生债务危机，因为第三世界借的钱太多，借的钱总得还，战后借的钱一般都是长期贷款，到这个时候就该还了，但是还不起，就出现了好多债务危机。然后就开始进行结构调整，如支持私有化、私人企业、市场改革等，也就是帮助原住民发展总是有条件的，不是没有条件的。这个时候——在 1980—2000 年就提出一个可持续性发展的概念并得到普及，自然环境成为发展项目关注的内容。在 90 年代初期，妇女与发展问题成为发展项目关注的重点。90 年代中期以后，国际发展项目直接投向最贫困群体，并让其参与社会经济发展项目的设计、传递、决策过程。

国际发展从战后到2000年底有这么一个变化，那么这个时候来讲发展人类学，从学科的角度，它是从上个世纪70年代才正式成为一门学科的。这有些原因，如契机：国际发展政策和实践新动向，即外面的要求和人类学本身内部有一些原因。内部的原因是高校博士毕业太多，而西方70年代高校对人类学家需求减少。所以，找一份工作，不能都跑到学校教书，你要出去到外面找点事干。那个时候，70年代西非干旱和饥荒，正好需要人类学家参与援助工作。而发展人类学成为一门学科的标志是发展人类学研究机构的设立，如美国的发展人类学研究所、英国的海外发展研究所、丹麦的发展研究中心等。现在丹麦的发展研究和发展人类学这一块儿还是做得蛮不错的。另外，以发展人类学为题目的书和论文也开始出版。

讲发展人类学成为一门学科从70年代开始，但是发展研究不只是70年代，以前也有，这与人类学一样。人类学正式成为一门学科是在19世纪末，但是对人的研究早就有了。我举两个例子，一个是费老的《江村经济》，马林诺斯基在这个序言里对它的评价很高，这个也是作为社区发展研究的一个经典范例。费老30年代提到的一些观点和我们前面讲到的发展的一些概念是相通的，如讲农民积极参与，其实就是参与；讲所有权是属于农民，其实就是在说权力方面的东西。另外一个是 Vicos Project，这个（如下图）是康奈尔大学人类学家 Holmberg 1952 年在秘鲁的 Vicos 开展的康奈尔－秘鲁计划。即在秘鲁地区，他们把一个庄园租下来让印第安人自己管理，自己参与社区管理这么一个模式。它是从1952年开始一直到现在都还在继续，蛮有意思的。从社区发展和人类学参与发展的项目，这都是值得看的。如果说从70年代发展人类学成为人类学的一门分支，那这个发展的研究早就有了。这里我只举了两个例子，如果再找，肯定还有的。

讲到这几年发展人类学的研究主题及方法。首先,研究领域比较广,比较多。凡是与发展有关系的,如卫生、健康、医疗,不只是建一个城市,农村城镇化,这些东西与发展有关系,对改善生计有关系,它都可以做成一个项目。另外,在方法上面就是要坚持多学科的合作、团队工作,这与传统的人类学差异大一点。传统人类学多数都是单打独斗,但这个因为涉及的是方方面面。刚才潘教授讲到我们那个"路学"也是,我不敢说"路学"是发展人类学,但是它涉及的也是多学科的,涉及生态学,路对周边生态环境的影响,涉及经济学,路开通以后的经济效应等等,涉及到路开通以后对文化、社会经济、社会制度等的影响,这些都是可以做的。第三,是强调理论、方法和实践有机结合。第四,为"传统"社会向"现代"社会过渡时,起到连接文化和发展的桥梁作用。全球化的这个影响太大,甚至在山区里面你都能看到全球化的影子。我们这次在老挝的一个村里面,这个村我们连续去了两三年了。这次去我吓了一跳,我一到这个地方,首先碰到的是一帮加拿大的年轻人,我问他们到这里来干什么,他们说他们是志愿者,到这里教英语。这是个瑶族村,因为老挝北部好多都跟中国的一些民族有一些相连。这是在村里面碰到的第一拨,第二拨是在村里面碰到了一个50多岁骑着哈雷摩托车的一个法国人,我问他到这里干什么,他说是收集布,就是当地人的土布。这么一个小村庄你就可以看到全球化对它的影响。第五,强调发展是跨文化的碰撞,因为全球化避免不了,但是发展人类学可以起到一些减缓痛楚的作用。

对于一些理论,我就不提了。发展人类学与应用人类学一样,因为是多学科,所以它受其他学科理论影响蛮大的,它可以用现代化的理论,甚至于可以用马列主义的理论,用新马克思主义的理论,这些都可以用。World system theory,全球化,这都可以用。发展人类学与应用人类学一样,对理论这方面不是很强调,更多的还是关注于应用,产生什么效果。

不能只讲这些概念,刚刚提到发展人类学涉及方方面面,那么我主要关注的是旅游这块,这也是我2007年回国以后做的第一个国家社科课题,就是川滇泸沽湖旅游开发对族群关系的影响。先稍微梳理一下发展人类学与旅游开发之间的关系。

发展人类学作为人类学下的一门分支学科是在20世纪70~80年代,而旅游这块成为了重点研究之一。旅游人类学也是从70年代开始的,和发展人类学的关系也是蛮密切的。上个世纪 90 年代后，发展人类学者开始关注旅游的可持续发展问题。这跟旅游人类学还是有些差异的，关注的对象有点不一样，这个发展人类学讲可持续发展，旅游带来的一些社会文化的变迁，这方面成为它关注的重点。发展与旅游开发之间是有些关联，强调开发旅游的目的是为了帮助贫困地区的人们摆脱贫困，这是发展人类学，而不是为了一帮商人赚钱。在 70 ~80 年代第三世界有好多旅游开发基本上是商业行为，好多人赚了钱就走了，留下一堆的烂摊子，这与发展人类学的理念相左。发展人类学跟一般的做旅游规划的不一样的是，它强调社区参与规划及开发过程，而这也是可持续性发展的首位重要因素。如我们去了云南的好多点，其中有很多问题就是当地参与不够，有些是政府直接就和开发商联系在一块了，把有些权力、旅游开发作为公事了，结果就后患无穷了。

这个是之前提到的四个关键词之一的 empowerment，它强调的是赋权。它有几个含义：一个要说整个决策的过程要详细透明，要让大家知道你这个旅游开发的整个过程；第二个是社区居民的参与，这不是几个领导去开个会就完事了，而是要高比例的当地居民的参与，就是说参与率要高，不是当地的精英或干部参加就行了；还有就提到有意义的参与，就是说参与不是到那儿去投个票、举个手就完了，而是强调有意义，就是在当中要起到一些作用；第四个是讲公平和有效的程序；最后是讲高程度的当地所有权和管理权，这个概念对几个方法影响蛮大的。就是说开发一个旅游地区，不是让当地人建一个旅馆，让当地人当一个看门的，让当地人找到工作机会，收入提高，而是这个旅馆要让当地人管理。这就又回到刚才提到的一个概念，发展的目的是改善当地人的生活。

这有些理论、有些方法我就不说了。这个利益相关者理论，你们见得比较多。在这儿我要稍微提一下 90 年代到 2000 年用得比较多的一个方法，叫社区整合方法（Community Integration），它被提出来应该是上个世纪 90 年代初，在旅游发展、社区规划这块用得比较多，它包含的第一个内容是社区意识。开发旅游你要让当地的整个社区了解你这个旅游开发以后会出现哪些情况，会出现哪些变化，它会带来哪些影响，要让社区的人们有这个意识。第二个是社区团结。大家知道一个社区要不团结的话就会出现很多的问题，那就会被商人各个击破。这个我回头讲泸沽湖的时候，我就觉得这块出了很大的问题。商人肯定是要牟利的,他到某个地方,看上这个山水也好,看上这个风景也好,觉得有旅游开发价值,他总是要赚钱的。那么如果社区自己要不团结,他可能给你各个击破。击破以后,今天把你的房子租下来,明天把他家的房子租下来,然后把它们糅在一起,那么最后你这个社区旅游开发主要的利润就被商人拿走了。第三个讲社区内部及与外部的权力或控制关系,就是摆正权力这方面的关系,因为你不把权力摆好的话,斗争不断,就会影响社区团结。这个是 Community Integration,在旅游方面提出的一个方法。这个方法在第三世界的某些非洲国家制定国家公务员制度的时候用到,我记得前几年我们国家的海南岛制定一些村落发展也用过这个方法,就是强调参与,强调所说的这些东西。

再给大家介绍第二个,现在影响蛮大的、比较红火的这么一个方式,它英语叫 Appreciative Inquiry,欣赏式探询法,我不知道翻译得对不对。这个跟之前的方法有些联系,但也有些区别。以前的发展项目跟传统的发展项目在概念上有点相反,以前的一些发展项目,社区稍微有点被动,对于社区的发展目标,好像是我来给你发展。而这个有些不一样。它是 strength - based,你要建立在当地的社区它本身的能力上,对当地的地方知识、当地的人才,你都应该找到,要欣赏。以前的发展是问题主导,而这个要注意当地社区本身它自我的条件,要先把自己的长处找出来。这个就提到它的这个研究方法,强调跟以前的不一样。研究者首先的第一个任务就是要听当地人讲故事,而不是指手画脚,你要听他们成功的故事。这个完全是说它是一个看正面的一种发展方法,就是在这儿生存下来,它正面的一些影响、正面的一些长处,这个为主导。这个方法其实最先是由 80 年代末一个博士生在博士论文里提出来的,80 年代提出来到 2000 年以后在有些地方才开始用,在旅游这块是 2007 年以后才开始用。

这个 PAR,你们熟悉吗? 它也强调 participatory action research,强调参与式的,看行动的(研究)。即研究者要跟当地的人打成一片,要跟当地人成为

一个伙伴关系,研究者和当地人共同来搞一个研究项目,这是参与式行动这么一个说法。这里面还包含一个对人类学、对人类的挑战:大家学人类学、民族学的以前就强调你不能对你研究的人、研究的对象产生一些影响,尽量避免,但是这个参与式的发展,你根本避免不了。哪怕你去提一个问题,你就会给当地人带来影响。这个简单讲,它有一个 4D,简单归纳为 4D 法,就是四个 D。我第一次接触这个方法是在 2010 年在马来西亚开的一个国际发展会上,一帮澳大利亚人用这个方法做澳大利亚南部土著人的社区发展,那他们就提出一个 4D。就是这个 4D 法:Discovery(发现)、Dreaming(梦想)、Design(设计)、Delivery 或 Destiny(那个时候澳大利亚那边提出的是 Delivery,而这个方法的原作者用的是 Destiny)。

Discovery,就是说作为一个研究者来讲,你去了以后到它当地的长处、短处、现有人才。因为它是要用社区的长处来对其进行开发发展,所以你要找到社区的优点。第二个是 Dreaming,研究者要让当地人讲讲他们的梦想,讲讲旅游开发以后,5 年、10 年,你的梦想是什么,你想达到什么生活目标。第三个叫 Design,就把 Discovery 发现的一些长处和 Dreaming 连在一起,然后用于设计、开发社区发展。下面一个是(我比较喜欢用)Delivery,设计出来以后你总是要把它实施,当然它原作者用的是 Destiny,Destiny 的意思也是把一个东西固定化,实践与巩固,使它的梦想成真。这个开发可以用来做旅游开发,也可以用来做旅游评估。

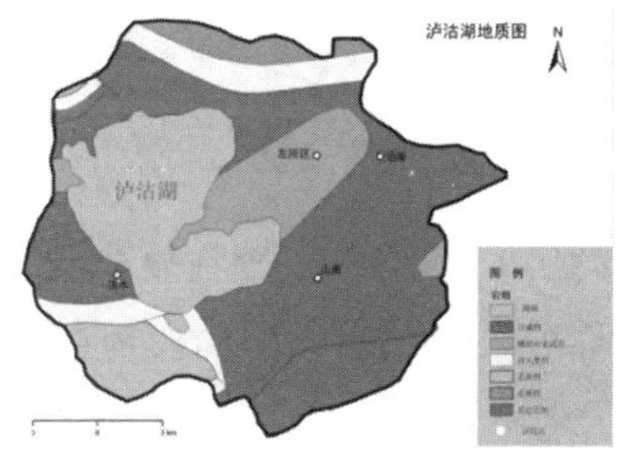

最后,多讲些泸沽湖这一块。从地质上看(如右图),它是山中间的一个小湖,大概海拔三千三百多。它的地质情况还是有些差异,这边是四川,四川这边有草海,四川面积大一点;这边是云南,这个是云南最大的村落叫落水村。我在 2008 年的时候开始进入这个村子,感受最深的是这里的老人。我以前做博士论文是在四川农村做的,四川农村的老人和这个地方的老人生活差别太大了。四川农村的老人还是很辛苦,你看到他们很忙碌,喂猪,烧柴,做饭,而这个地方的老人就不一样了。摩梭的老人,他们叫做“宝”,以祖母为长者,祖母为家里面的领袖,其实她也做很多事,但是相比四川的老人来说,她们在家里的地位很高,四川的老人是没有地位的。

这个是我到他们的落水上村,他们传统的以前的那些老房子(如右图 1)。他们有一个祖母房,祖母房是家里的所谓中心,祖母房如果不垮掉,你不能拆它。这个是他们建得比较好的房子,但是祖母房还在,是不能动的。这个比较早,是 2008 年照的那个时候的落水(如右图 2),你看这个时候的房子是这样的,有保留前面房子的传统摩梭的木楞房,就是不用钉子的,是木头造的。再看一下现在(如右图 3)。这是 2010 年到 2011 年左右拍的一个岛,这个岛很小,这个岛完全是外地人在开发,基本上这些都是外面来的人和当地摩梭人达成协议,摩梭人就把这个土地租给他们,大概是 20 年的租期,这好多房子都是后来建的。这个(如右图 4)是他们旅游开发的一个项目,就是划船,即来了以后,一般让游客先到湖里体验一下湖的风光,然后由这些帅哥和靓女给他们划船、唱歌,这种感觉也挺好。晚上还有一个节目就是跳舞,即篝火晚会,因为摩梭人能歌善舞。另外一个是小孩骑马、牵马。它主要是三个旅游项目,就是这三个。

这个是我 2013 年拍的(如右图 5),与以前的房子是两码事,现在要建的是钢筋混凝土了,你可以看到搅拌器还在,现在建成的房子就是这个样子。你们可能听过很多故事,说摩梭人的房子要爬墙屋进去,但现在这个房子完全是为了旅游开发的。

这个(如右图 6)是前一个月的事情,影响蛮大的。你可以看到上面的标语写着:拒绝一切机动船驶入母亲湖。这是在四川发生的一件事,就

是四川那边开发,想把机动船放进泸沽湖,因为泸沽湖大家知道没有污染,一直都是各种人工划的船,把人从四川那边划到云南的落水是 80 元,然后四川那边做开发,之后就要整一个大船进入泸沽湖。这个机动船进来以后影响其实是蛮大的,首先是抢别人的生意,而且还对湖面造成污染,那个地方是海拔很高的一个高原湖泊,一旦污染(后果很严重)。其实它现在已经有一点污染了。我记得 2008 年去的时候,湖边上的水还非常清,现在人多了以后,旅游多多少少还是有些排放,湖边上的水看起来就没有以前清澈了。现在你要直接喝水的话,还要划到湖里面去;以前直接湖边上的水就能喝。那这引起一些抗议活动,这样的事情使得当地的抗议声蛮大的,当地人就不想让机动船进来。据我的朋友讲(因为我还没有下去,我想明年下去一次看看这个情况),后来四川那边的摩梭人和云南这边的摩梭人联合起来了,不准这个船进入湖里面来,结果怎样?等我明年下去回来以后,再告诉你们。

其实,这几年我主要做的是带点评估性的工作,我当时的那个项目是旅游发展对族际关系的影响,我顺便做了些旅游发展对传统文化这方面的影响。我先把这个旅游分成几个阶段。从 1989 年到 2004 年,我称之为民间自发自主发展时期。因为最早从 1989 年有些外国游客、背包客走到这个地方,才发现这个地方是母系社会,还有独特的风光、独特的文化,才开始兴起来。其实,摩梭人的传统文化里面它对那些游客是比较好客的,因为比较远,你走那么远的路,好不容易来一次,他们是很热情的,你可以去他们家吃饭,他们绝对不会找你要钱的。但是现在旅游就不一样了,开始收人们的钱。我记得我第一次 2008 年到小落水当地人开的一个旅社,他都不直接找你要钱,我说我们两个人多少钱,他说你看着给,他都不好意思找你要钱,那个时候 2008 年这种商业气息他们还是有点不习惯。现在就不一样了,为什么?时间截至 2004 年,是因为无序之后,就出现了好多乱的现象。因为摩梭人走婚,大家都知道,他们好多都打着走婚的旗号开办一些红灯区的场所,比较乱。还有当时因为自发,是小旅社,没有污水处理设施,污水就直接排到湖里面,中央台就曝光了。曝光以后,云南省政府就组织一个联合调查团下去开始整顿,从 2004 年开始。

从 2004 年到 2009 年,我把它称之为政府主导下的发展时期。这个时候政府就介入了,介入之后对云南这块搞了一个八大计划,建公路、道路绿化等整个八大工程。截止到2009年这个八大工程结束了,正式宣布整顿治理结束了。这个时候它就开始招商引资,让大的财团进去,最大的一个项目是建了一个银湖岛的度假村,是上海的一个开发商搞的一个银湖岛,其实是一个半岛伸到湖里面,还建了很多豪华的旅馆,可能住一晚有的将近一千块钱。另外,它要建一个旅游的镇,说是要花70个亿,他们把地买了,也就是政府把地圈起来了,但是这个开发得不太顺利,我记得2009年开始,到现在这个镇大致还没有进行,但是在准备。然后他们建机场,整个大资本主导的发展时期就是从2009年开始。以前他们提出一些"大旅游、大产业、大宏图、大保护、大规划、大勇气、大品牌、大营销、大声势、大招商、大发展、大思路"的口号,整个就是大。也就是他们的想法和整个的思路和我们刚才讲的社区发展的思路是完全不一致的,那么这整个是带点政绩工程的意味,是一个政治开发的一个项目。某些程度上讲,中国的旅游开发多多少少都有这种政府和一些企业结合主导的这么一个发展过程,跟当地人争夺资源。

当然,我们这个研究也发现旅游本来也是两个方面,好的方面和坏的方面。好的方面是当地的经济的确发展了,生活水平也得到了提高,文化也带来了好多变化。其实最大的变化是:摩梭文化的核心是所谓的大家庭,它一般不分家的,在这个大家庭里面,祖母是大家庭的主管,大家做什么事情都有一定的分工,而现在在泸沽湖这块,这种大家庭基本上很难再找到。这个与我们的行政政策有一定的关系,在这个地方它要求摩梭人一家人只能开一个旅馆,这样他们就分家,分家之后,这是他们自己的地,他们再开一个旅馆,政府也管不着。我们2008年去的时候,里格岛那个时候只有12家,现在成了20多家,因为他一家分出去以后分别开旅馆,最后一个旅馆家里就一个人,然后他们把这个旅馆承包给外地人。

云南片区和四川片区相比较的话(如下表),你可以看出它整个的过程:从1989年开始到现在,由自发→政府→资本这么一个变化。我们调查的一个感觉是资本很可怕,资本能做的事情,带来的伤害可能比政府带来的伤害还要大一点。政府采取的措施有的时候会有一些反弹,但资本就不一样了,资本完全是无孔不入,摩梭人的分家就是资本引起的。原来我们去的时候,当地——落水还有一个村规民约:他们的旅馆一定要他们摩梭人自己管理,它跟里格不一样,里格是由外地人在管理。但我去年去的时候,落水也发生了变化，基本上都已经承包给外地人经营了。他们说："游客来了，我们就走了。"他们到丽江去了，因为在丽江，小孩可以受到更好的教育，还有医疗设施也比较好一点。

滇、川泸沽湖景区旅游发展现状比较

对比项目	云南片区	四川片区
名称	丽江泸沽湖省级旅游区	四川泸沽湖景区
景区范围	面积179.28km^2，人口约19000，其中摩梭人约9000人(归属纳西族)	面积314km^2，人口约15000，其中摩梭人约8000人(归属蒙古族)
旅游开发	始于20世纪80年代末	始于20世纪90年代末
景区地位	玉龙雪山国家重点风景名胜区组成部分、省级旅游区、省级自然保护区、国家AAAA级旅游景区(2009年11月通过国家旅游局终评)	国家重点风景名胜区、国家水利风景区、国家AAAA级旅游景区(2008年成功创建)
景观特色	独特的摩梭文化风情、秀丽的湖光山色	
管理体制	丽江市泸沽湖省级旅游区管委会(简称旅管会，市政府直属机构)及泸沽湖旅游开发有限公司负责景区的监管、保护与开发工作	凉山州泸沽湖旅游景区管理局(与泸沽湖镇政府合二为一)具体负责，州县共管，以县为主
景区规划	单方面完成《泸沽湖省级旅游区总体规划》《泸沽湖流域环境规划报告》《泸沽湖省级自然保护区功能分区规划》《泸沽湖风景区综合规划》	单方面完成《泸沽湖风景名胜区保护条例》《泸沽湖风景名胜区总体规划》《泸沽湖镇建设总体规划》
旅游经营模式	社区自主开发，政府深层介入	社区参与，政府深层介入
主要旅游社区	落水、里格、小落水、里务必岛、谢瓦俄岛、格嫣女神山索道、永宁土司府、扎美寺、温泉村	三大精品线路：多舍－杨二车娜姆之家；多舍－里九；多舍－洛瓦；草海、布瓦俄岛、安娜俄岛
旅游接待设施	到2010年底，落水行政村(主要集中在大落水、里格、三家村)有家庭旅馆，银湖岛度假村为4星级四度假村，设有总统别墅区	到2010年底，博树、多舍、木垮行政村(主要集中在洛瓦、五支洛、博树、泸沽镇、木垮)设有家庭旅馆和酒店，假日酒店为4星级，设有VIP别墅区
旅游人次与收益	2009年景区共接待游客50万人次，门票收入1300万元，旅游综合收入1.85亿元	2009年景区共接待游客11.23万人次，旅游综合收入3500万元
景区设施基础	弹石－碎石路面、厕所、停车场、环湖路((未完工)	三级路面、厕所、停车场、环湖路

下面我要讲讲跟国外的比较。这个(如右图)就是运用的 Community Integration 的那个方法,是旅游开发比较好的一个经典故事。是秘鲁的一个岛,他们有些地方跟摩梭人还挺像,它也是一个高海拔的湖,大概 3800 米,泸沽湖才 3000 米左右。他们的穿着打扮也蛮像的,那边是山地,也是唱歌跳舞的。这个地方风景蛮漂亮的,很秀丽,这个地方最独特的就是它的编织——织毛衣、织地毯(如右图),被联合国当作一个非物质文化遗产,而且男女老少都在做。这个之所以成为社区的经典案例是因为他们这个岛人也不多,大概 2000 多人,有 200 多户。他们的这个旅游由社区统一管理的,他们大概 90% 多的居民都参与进去了,符合高强度的参与。他们统一分配去接待客人,旅游产品,从原材料的进来到最后的价格到销售也都是统一管理的,它整个的与一个社区的结合,还是蛮好的。但是现在它也面临着好多的问题,主要的问题还是来自于外面的竞争。原来这个地方是岛,上岛的船是他们自己控制的,但是后来秘鲁出现了一个日裔的总统,他在秘鲁搞新政,要打破垄断,就把他们这个小社区的船业的垄断打破了,然后将开发权给了那些其他的商人。这里面这些商人的船也快,他们这个小岛人也少,根本抗衡不过,所以他们现在只占一成比例,主要都被外面控制了。原来他们自己控制,游客来了他们好安排,现在外面的那些船,他谁都不认识,很难再进行下去,现在面临着解体这么尴尬的局面,也就是市场竞争给他们带来很大的压力。

我在美国待了十几年,对美国也比较了解,这个(如下图)是 Amish Cultural Tourism。就是有那么一群人 17 世纪由于宗教上的原因从欧洲主要是德国、奥地利那一带搬迁到美国去的,现在大概有一百来万人左右。他们现在还在一直坚持他们的传统,衣服是单调的颜色。他们这里也分传统的和现代的,现代的基本上和美国社会没什么区别了,但他们大概有 30 万人左右坚持他们传统的生活方式，基本上排斥现代文明，不用汽车，不用电话。我去参观过好几次，他们连电视也没有，他们有自己的学校，不跟美国社会接轨，他们有自己的教育体系，从一年级到八年级，然后就毕业了。你到那边去旅游的话，蛮有意思的，他们专门有些商标给车通行，他们的耕地也是马拉的，绝对不用拖拉机的。他们当初离开欧洲是宗教上的原因，他们的观点是要离土地近，你才能离上帝更近，死后才能进天堂，所以不能用大型的现代化的设备来耕种。现在在美国有些城市偶尔能见得着，他们一个标志性的打扮就是，男的有胡子，戴个黑帽子，结了婚的女人戴个小白帽子（如右图）。他们的生活非常的简单，衣着风格你看不出他的等级，看不出谁比谁有钱，他们的生活跟现代美国的生活是两码事。现在这些人主要是在俄亥俄有一部分，在宾夕法尼亚还有一部分，费城那边有，反正就是东部那块还有，它旅游发展挺好。

它的这个旅游发展走的方式跟刚才那个又有点儿不一样。它采取的方法，一个是政府宣传，政府在高速路的休息站放很多当地旅游热点的宣传照片、宣传模型，它全放在那儿，而当地人是自愿参加。如果你不愿意，不想让游客来打扰你的生活，那肯定的这片区域就会被隔开，保证游客是绝对进不去的。但是现在这群人还是有一定的变化，因为公路发达了，朝外走的人越来越多，还有它的人口膨胀以后，土地就不够，好多人都出去打工，由此就起了很多变化。前几年开始发现有吸毒的了，这很不可思议。所以这个发展模式和岛上的那个，还有泸沽湖的发展模式是完全不一样的。我们那个是政府主导或是商业开发，对老百姓这块讲得很少；而美国这个是政府不管，只在那儿放一些宣传照片就完了，剩下的你想怎么发展就怎么发展。但是每年到这儿的游客还蛮多的，有几百万人，因为美国的交通工具发达，公路网也多。去了之后最有名的是吃点它的土鸡,还有他们的手工家具很有名,走的时候买点手工家具。

因为做评估,云南这块,我们发现它有些不足之处。第一,我们接触到的这些官员、开发商都有这样的问题,即在发展意识上有些偏差,就是我们讲的存有老的理念,认为你这个地方比较落后、偏远、贫穷,我来给你发展,也就是说古典进化论的思想在作怪,好多干部、旅游开发者都有这个想法。第二,社区参与严重不足,开会的时候,整个决策过程基本上不会让老百姓参加的,都是所谓的专家们来制定所谓的发展规划。第三,在权利方面根本没有,当地居民无管理和控制自己的资源的权利。因此,我们就提出应以当地人利益为重。因为发展人类学是要提高、改善当地人的生活,而咱们现在的很多发展是为了创汇,增加当地的 GDP,所以这还是有一点差异。因为利益相关者很多,主要有几个方面,政府是一个方面,开发商是一个方面,另外还有当地人,还涉及一些 NGO,包括摩梭人自己的社区组织,各种利益相关者在这里碰撞,因此在以当地人利益为重这方面做得不是很好。

那人类学家在发展项目中能起什么作用呢?我提几个问题,你们可以参考下。第一,作为研究他者文化的人类学为发展研究能做什么贡献?第二,在发展过程中,如何处理地方知识和传统文化?第三,是否应构建人类学主位(emic)发展评估标准?大家可以想一想。

好,我今天的讲座就到这里。

评议与讨论

潘蛟:谢谢陈刚教授的讲演,前面给我们梳理了一下理论,让我们有个背景,后来着重谈泸沽湖。

我也长话短说,实际上你谈的过程中间,早期他们是自发的,但自发也有问题。也就是说自主其实也是有问题的,参与政府的管理,比如排污之类的管理,然后政府来管,就把它卖出去,卖给大资本来进行经营。这里面我就要说你不是在强调自主的问题,其实自主这个问题还是值得琢磨的。当然,你谈到社区整合的一个问题,如果只追求利益的最大化,可能会导致比如说你刚才谈到的早期旅馆的排垃圾、排污以及为了吸引游客把四川的小姐们请到那儿来，成了红灯区这类的，才引起了政府的一个干预。那从这个项目来看，它起初好像还不是政府管的，因为它无序地竞争，自主的也可能是一个无序的竞争，你当然在强调社区整合。所以，在这个里面我们的自主可能要有一个区分，是什么样的自主？因为旅游它本身就是一个整合的项目，它不是一个完全个体的，是社区整合，旅游它是一个公共项目。你在谈到它的环境和文化的问题，它是一个整合的项目，我觉得这个上可能还是值得考虑一下的。

因为旅游，这个对摩梭人来说也是一个新现象、新问题，它既然是个文化旅游，既然是生态，它就有一种整体性。比如说在以前摩梭人大家庭肯定还是这样，但实际上它需要一种新的社区意识，你刚才也谈到。关键是意识到这个事情我们怎么来，因为旅游不仅仅是看一个湖，它是要来看摩梭人的生活，来体验这个东西的。其实摩梭人的生活样式就是他们来旅游的一个对象，那如果说你这个旅游公司在那儿弄了以后，摩梭人都迁走了，没有了，那这个地方也就死了。没有摩梭人了，他们还看什么？我们说参与可以，是作为个体的参与还是作为集体的参与？是不是可能有个真正的除了在意这个地方的一个再集体化？比如这个社区的再集体化。它早期被集体化了，近期也被资本化了、市场化了。

陈刚：2012 年当地摩梭人他们自己有一个危机意识：外来的企业太多，对他们的文化冲击蛮大，他们就让当地的精英人士，因为我们关系很好，我们就去跟他们一起开个会，大家一起讨论讨论他们面临哪些情况，跟他们分析了一下你们摩梭人现在面临的挑战有哪些，你们怎么应对。

刚才咱们谈到社区团结这块，你们如果团结不好的话，可能逐渐逐渐就被瓦解了。那么，当时他们讲他们很团结，因为他们是大家庭，大家庭是很团结的。那 2008 年我们进去的时候，也的确是这样，谁家盖房子的话，基本上大家都是参加的，村里面都要来帮忙的。现在不行了，现在你看都是钢筋混凝土的，都是雇佣制，从其他地方雇佣的年轻人。当时面临着这个问题，我就说你们应该从传统文化的保护或者你们如果想获得最大的利益的话，你们自己就要团结起来，你们自己如果不互相团结起来，互相拆台的话，那你们将没法和外来的资本竞争，他们自己也意识到了这块。

但是现在那个资本太厉害了，基本上很难回到那个以前的大家庭了，但他们自己认为没什么变化，虽然分家了，但家里如果有事，他们还是在一起，小孩也是在一起啊。我说这一代可能在一起,再过十来年之后可能这种大家庭文化就感觉不到了。从长远来讲,还是有很大的影响。

现在这种方法,很推崇的,炒得很热的,就是把一个社区,特别是边远地区、少数民族地区当作一个整体来,它强调一个多方参与,即研究者是一方,政府是一方,然后离不开这些开发商,也离不开当地人,有些地区它也想吸收NGO——非政府组织,非政府组织起一个监督的作用,它是多方面的参与,参与就是围绕着当地的文化,让当地人的生活变得更好。

学生提问:旅游产业的发展,一方面,单纯地从产业经济角度看,它带来的物价上涨,带来的环境污染已经解决不了。而且反过来带来的问题,从经济角度它也是问题,明显是无法解决的。但是另一方面,如果从文化的保护角度来研究,如果单纯地进行文化保护,我们又不可能完全地把这一社区化石化,脱离这个社会,这也是不可能的,因为它也要发展,不发展是不可能的。所以从我的角度,我是想从人类学的角度得到一些理论上的支撑,但是在学习的过程中发现有一个问题,我觉得人类学现在更多地是持批评的态度。为什么这样讲呢?比如刚才您的研究,那么它的批评可能就会说你是殖民主义或者说是为殖民主义服务或者说你所研究的到底是你要代表大众还是你专家的研究成果是政府意愿的推动,这是人类学一个基本的批评。反过来,从另外一个角度出发,旅游反而又是强势文化对弱势文化的一个入侵或殖民,又是我们人类学要批评的对象。

所以从我的角度来讲,我现在学习中的这个坎就是发现我无法从人类学里面找一些理论,不是一个解构或者是一个批评。刚才您由于时间的关系没有介绍这些,但是从您的感受,感觉您是由一些理论出发来进行这个研究的,就是说从我们人类学理论的角度来进行这方面的研究,那我想说您这几个理论角度或是这几个理论会存在于哪些方面?

第二个是您刚才讲到要社区参与,这个社区参与就像刚刚潘老师讲的一样,实际上这个社区参与,它不是一个简单的一个集体化的问题,但是也不是一个简单的个体参与的问题,这两个恐怕都不能同时来解决这个问题。为什么这样讲呢?如果简单的集体化参与,从咱们现在公民的维权包括应用程度,它还达不到。但是如果说完全个体化,刚刚您讲的案例里面,它不仅仅是云南存在,我们国家现在的旅游各个地方都存在这样的问题,都存在个体为了一个获取,它不顾我们现在研究者所考虑的文化的保护、社会的可持续发展,谁也不会这样考虑。

我想作为我们每一个人,如果参与到或者说你在那个环境里边,我们肯定也不会说我为了保护民族文化,为了保护群体的文化,我不去那样做,可能大家都会选择我也分家,我也去开小旅馆去。那么这一个社区参与,您提的,那我们应该怎样才能把它落到实处,实现您说的那种可持续?

陈刚:谢谢! 的确是大问题,好像一两句也回答不清楚。前面谈到的旅游的理论这些东西,其实某些方面,不光人类学这块,人类学的确考虑弱势群体多一点,某些地方都强调保护。其实旅游开发这块,刚才提到的有些理论,包括我后面提到的 AI 方法,说是方法也可以说是理论,回头你们可以看看这篇文章,它里面就把 AI 理论解释得很清楚,而且这篇文章它是把 AI 这个东西用到旅游开发这块,用了一个尼泊尔的案例。AI,刚才讲的 4D——Discovery、Dreaming、Design、Delivery,它前面加了一个 grounding,即加了一个前期。就是说作为一个人类学家也好,作为一个旅游开发者也好,前期你到那个地方去以后,要与当地人建立良好的关系,你才能调查清楚他们当地有哪些长处、短处。你可以看到它是一步步解释得蛮清楚的。

我觉得是从旅游人类学或是发展人类学来讲,我们肯定是要强调一点,因为目标是要改善当地人的生活,要让当地人了解、意识到开发这件事情结束以后会出现哪些结果。其实,我是觉得人类学这块不光是从人类学自身去找一些理论,在旅游研究这方面,还可以借鉴一下其他的一些理论,如经济发展的一些理论或者是管理学上的利益相关者的理论。

(李修贤整理)

援助与发展——以西藏新疆为例

主讲人：靳薇（中央党校教授）

主持人：潘蛟（中央民族大学民族学与社会学学院教授）

首先感谢潘蛟老师，给我这样一个机会让我跟大家分享我的一些研究心得。首先我先做一下自我介绍，我是1985年研究生毕业，到中央党校工作，到明年就整整30年了，时间过得非常快，截止到今年，我也是7次到西藏做调查，到今年已经有20年，累计时间已差不多一年，也出了这本书，其他的也写了一些教材，但是我自己觉得科研含量比较高的可能是这本书，而且也得到学界的认同。新加坡国立大学出版社今年已经给我通知决定出英文版，所以我现在在修改，因为2010年出版到现在又有一些新的变化、新的数据，希望能在今年底明年初交给他们。我想从七个方面和大家分享。第一，关于援助；第二，援藏政策取得的成就；第三，出现双向依赖；第四，援疆的发展及演进；第五，出现的变化；第六，应该思考的问题；第七，几点建议。我会把援藏的这部分放在前面先讲，援疆的放在第二部分，最后讲一些应该思考的问题和我自己的建议。

（一）关于援助

讲到援助的时候，不知道大家想到的是什么，可能是一种帮助或者是一种支持。什么是援助？援助是一种投资，也是一个道义上的命令。它是对共享的繁荣、集体的安全和共同的未来的投资。援助不是布施，也不是单方面的慷慨赠与。因此我们来谈谈援助与援助依赖。

1. 援助依赖。对援助的依赖会影响受援国家/地区发展国民收入体系及调动税收的积极性，损害了可持续发展的基础，削弱了受援者的内部系统和责任关系。实际上援助是一种投资，我前几天看到网上有一些讨论，说中国的老百姓不理解为什么自己的穷人这么多，中国还要拿很多钱去国际上帮助别人，为什么不把自己的事情办好？那么如果从投资这个角度上来说，我觉得就可以理解了。投资可以有很多种模式，对外的援助，也是一种投资的方式，但是投资的目的你看是一种什么目的了，是不是获得了回报，这个大家要作为一个评估，但是援助它是一种投资，同时它是一种道义上的命令，它是对共享的繁荣、集体的安全和共同未来的投资，它这个投资不像经济投资一样，投进去马上就有回报，它是一个更广义上的投资，对这个共享繁荣、集体安全和共同未来，它是一个比较长远的社会性投资。援助不是布施，也不是单方面的慷慨赠与，一定要搞清楚，我们在讲援助的时候，援助者不能有一种施主的意识，接受的人也不要看作是一种屈辱，好像是被恩赐了，它其实是一种投资，所以从这个角度上来说的话，其实我们现在很多问题都可以理解，都可以解释。实际上在国际上的一些援助已经发现了援助它会产生援助依赖，对援助的依赖会影响受援的国家和地区发展国民经济体系，以及调动税收的积极性，损害了可持续发展的基础，消弱了受援者内部系统和责任关系，就是援助不是给钱就好，收钱的同时也会有一些负的作用。研究发现，国内的援助和国际的援助，都会产生援助依赖，援助依赖实际上对受援助的国家和地区来说是损害它的可持续发展的基础的，这个是致命的，那么对它的内部系统还有责任关系是一种破坏的因素。

2. 收益减少。经济学上有个概念叫边际效应递减，这个大家可能比较熟悉，但是研究发现，援助也会面临着收益减少，缺乏经济基础设施和技术人才的国家和地区没有办法更多地从援助中获利，收益减少。有些钱、项目、资金投下去猛地一看可能变化比较大，但实际上如果这个地方没有基础设施，缺乏人才，那么这些东西是没有办法从中获利的，我们后面会讲到这些具体的例子。

3. 援助的效率。受援国家/地区及项目的选择、援助的方式，直接关系到援助的效率 援助国家/地区就是援助哪个地方还有援助什么项目，这个项目的选择会包括援助的方式，会影响援助的效应，有时候有无效的援助，甚至有负效应的援助。美国有一个学者长时间在世界银行工作，研究国际间的援助，他发现当援助的钱超过这个受援地区的 GDP 的 8% 的时候，首先出现无收益，即援助无收益，接着再增加资金的话就会出现负面的作用，GDP 的 8% 这是一个线，所以援助实际上会产生一些负面的效果，会逐渐缓慢地显现出来。

(二)援藏政策取得的成就

援藏政策的发展及演进

我花了十多年的时间反复地去西藏,我一直关注的就是我们从西藏 1952 年和平解放以来,对西藏的政策、我们的成就和面临的一些挑战。我们看一下援藏,援藏我把它分成两个阶段。第一个阶段是 1951 年到 1979 年,这个阶段援助的力度不是那么猛。当时 1951 年进去的时候,我们叫和平解放,当时一直到达赖喇嘛出走,实际上是两个政府,所以那个阶段,1951 年到 1959 年它是比较缓慢地在往前推进,不像四几、五几年,然后从达赖喇嘛出走以后,60 年代到 1979 年就给了一些扶持。但是 80 年代开始,我们开始了强力援藏,提出来的口号就是中央关心西藏、全国支援西藏,80 年代到 2014 年,一个是财政资金人才的强力的投入,还有大量的优惠政策。

这个是今年 7 月份我在西藏考察时拍到的照片,上面是八廓街,就是围绕达高寺撰经的人民,大家可以看一下它的街景,就是用手机拍照的,这个是一个山口,经幡,是从拉萨的一个公园看布达拉宫的背面。

我大致做了个统计,从 1984 年到 2014 年这 30 年的时间里,中央给的项目,就是西藏工作座谈会,第三次第四次,然后 40 周年大庆,十一五规划、十二五规划,加起来的项目数是 670 个,这些项目都是非常大型的项目,比如像青藏铁路,还有大型的水电站,都是中央给的大型的项目,那么投资的金额将近是 6000 亿元。除了中央给的这些项目以外,对口援助西藏的省市都有拿出钱来在那里做项目投进去。我们看看从 50 年代到现在,援助政策取得的成就是什么呢? 首先,经济总量不断增长,而且有一定的增长速度。经济学上有两个概念,一个叫作增长,一个叫作发展,这两个概念就是发展离不开增长,但是增长并不意味着发展，所以我在这里用的词，大家注意是“增长”。第二，初步建立了社会主义的经济基础，我们在那边也建立工厂、水电站，而且修了立体的交通设施，从航空到铁路公路，除了没有港口，西藏没有通船，其他的交通设施都是具备的，人民生活显著改善，部分进入小康，只要去过西藏的人对这个都会有直观的感受。我从 1994 年到今年，整整 20 年，七次到西藏，除了阿里没有去过，其他的地州市我都去过，而且跑了二十多个县，做过户访，也做过两个大型的问卷调查，所以对西藏的情况还是比较了解的，尤其在交通沿线的老百姓的生活改善比较明显。我的学生跟着我去了以后，都很沮丧，我问他们为什么，他们说没想到西藏的农牧民都能过得这么好，我们现在念了博士，以后的生活还是很拮据的。还有最后一个指标，很客观的，据 2014 年统计与解放前比，西藏人的平均寿命提高了 31.5 岁。那么中国的平均水平是多少呢？从 50 年代到 70 年代，中国人的平均寿命比预期寿命提高了 17 岁，跟医疗的普及、营养的改善、生活水平的提高、教育的普及是密切相关的，所以这个往往被认为是人类发展的一个很关键的指标，就是平均预期寿命。这个是我历年去西藏考察的时候拍摄的照片，这个是藏北的牧草，他们夏天过赛马节，妇女都穿戴上祖辈传下来的最珍贵的首饰，穿上漂亮的服装，来参加这个节日，下面是在八廓街上卖首饰的一个藏族妇女。

（三）出现双向依赖

取得成就的同时，我自己的研究发现，在这种繁荣、改善下面也出现了一些内在的值得关注的东西。我关注到出现了一个双向的依赖。这是我做的一个示意图，从 1952 年到 2012 年，最下面这条线是西藏本地的财政收入，红色的这条线是中央的财政补贴，深蓝色的这条线是地方的财政补贴，那么可以看出来年代太久了所以前面这几条线几乎重合在一起。

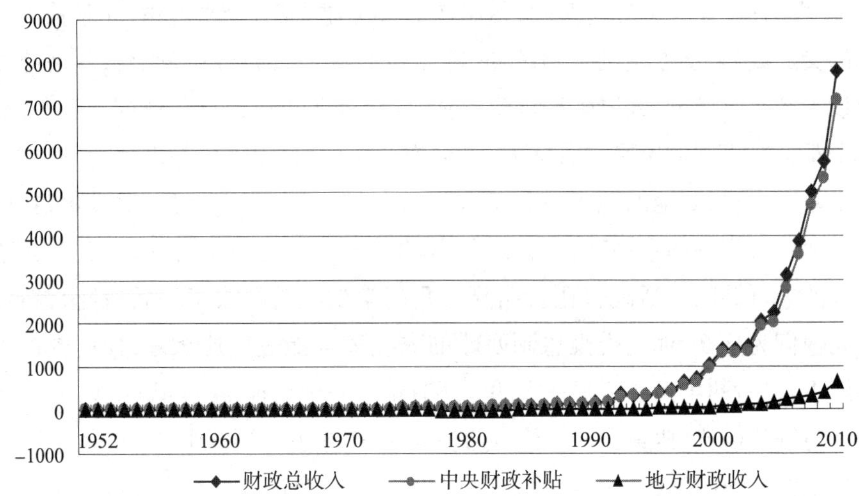

实际上从60年代下半期，一直到80年代中期有21年的时间，西藏的财政收入是负数，就是本地的财政收入是负数，中央的财政补贴超过100%。是什么概念呢？就是西藏不光是政府的运行要国家财政来支撑，包括它的经济活动都需要国家拿钱来帮助他经济上的运行，所以当地财政收入是负数，有21年时间，到了80年代下半以后才逐渐地爬上来。2000年以后可以看出来有所提升，截止到2012年最新的数据，2012年西藏的财政自给率用他们自治区白马主席的话来说，西藏政府每花100块钱，有90多块钱是中央给的，他们的财政自给率是多少呢？7%，就是说他们用100块钱，有7块钱是他们自己挣的。从50年代的1952年到2012年这么漫长的时间里，通过这么漫长的发展，而且80年代以后中央和对口支援的地方，也倾注了很多的人力物力财力，来援助西藏，截止到最近的数据，2012年的数据，西藏的财政收入自给率只有7%。我们可以看一下，一个是全国的比较，一个是和西部的多民族的省区进行比较，西藏的财政收支存在的差距，这个是全国平均的财政收入，这个是全国平均的财政支出，西藏的人均财政收入和人均财政支出悬殊，在全国可以说是独一无二的，西藏的人均财政支出在全国仅次于上海，但是大家知道上海的人均财政收入也是比较高的，这个里面的差距在全国可以说是最突出最显著的一个。那么我们在这里做了很多的项目，投了很多的资，为什么截止到2012年,存在着这么大的差距?到底是为什么?我自己也觉得这个问题值得去研究,值得去观察。

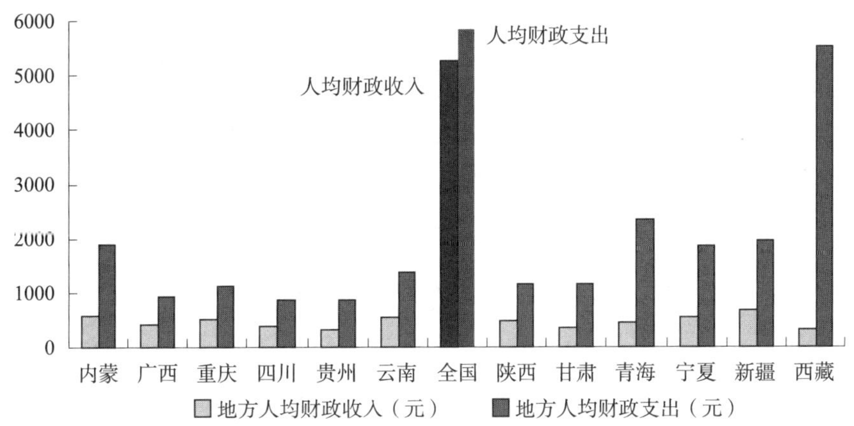

这是一个援藏项目,全称叫作那曲羊绒羊毛进出厂。那曲是西藏的牧区,当时那曲这个地方要求国家给他们投资一个羊绒羊毛进出厂,他们当地想羊绒羊毛直接卖出去的话很便宜,如果经过一点加工的话那么农牧民多一点收入,让它升值,所以1994年,经贸部投资建了这个项目,投资建了一个羊绒羊毛进出厂。它是1995年建成的,1996开始运行。等到我2002年再次到那儿的时候,这个厂已经关门了,我就跟他们学员了解为什么这个厂会关门。这个厂建成以后,一家一户的牧民不愿意跑那么远的路把羊绒羊毛卖到这个厂里来,也不愿意卖到供销社,因为有青海的回族商人走家串户去收购,后来政府下了一个命令,牧民必须卖给供销社,政府筹集了一大笔钱去收购羊绒羊毛,结果买来以后,第二年国际羊绒跌价,羊绒市场国际价格是浮动的,结果这批货就砸在了手里,这是一个问题。还有一个就是他们加工出来以后找不到下家,人家说你们就卖原绒给我们,你们加工好的我们不要,因为你们把羊绒羊毛都梳断了,动物的纤维和植物的纤维越长加工出来就越好,他们梳了以后因为技术不过关,他们把纤维给弄断了,就找不到下家,上家收不来,下家卖不出去,所以这个厂两年就关门了。

这样的一些投资,在有些年代出现了非常明显的投资拉动,这个图是1979年到2013年,这个是生产总值指数,就是以头一年为一百来显示第二年的变化,大家看这里有四个高点,这四个高点就是跟前面的四次西藏工作座

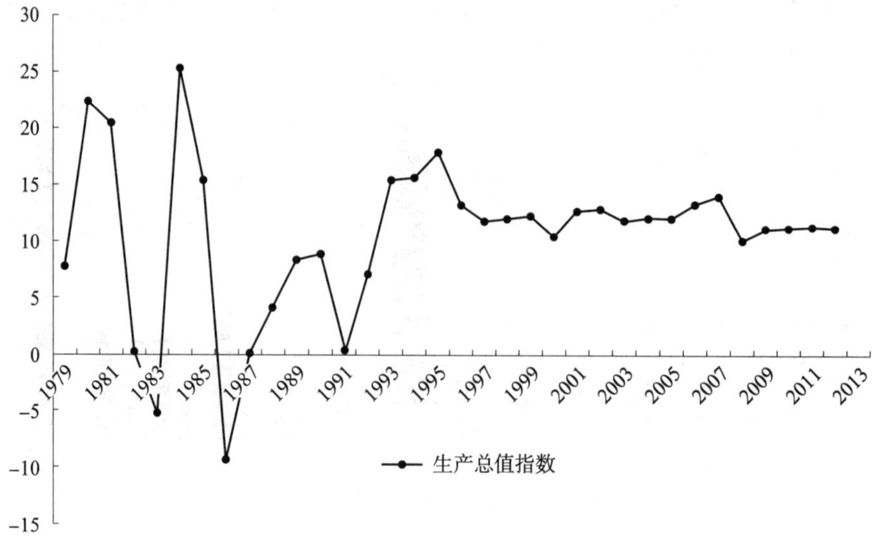

谈会的年代正好吻合,每召开一届西藏工作座谈会,就意味着很多的项目和资金投入,它马上就拉高,但是峰点一旦过去以后,它就下跌得非常的明显,大家看这两次都已经跌到了负值以下。但是有一个非常有意思的现象,就是2000年以后,尽管投资的力度还在加大,大家看近些年投资的拉动已经不明显了,所以这个图很有意思,能看出投资拉动。中央在那里做的很多项目被当地人叫作楼堂馆所,实际上我们把它归在社会发展类,就是为了社会发展做一些投资。但是这些投资项目只管建不管修,而且建要尽快建,所以工程就很粗糙,一旦建成了之后是没有维护资金的。本来这样的社会服务性的事业应该当地的财政来支撑,但是西藏100块钱它只有7块钱,没有钱来做这些事情。

下面这个大家应该都很熟悉,布达拉宫广场,这个广场经常在电视上能看到,它建成以后确确实实是提升了布达拉宫也提升了拉萨的形象。但是我去的时候这个市场有一个管委会,主任跟我诉苦,说他们没有钱来修路面,这既是一个广场,又是拉萨市的一条交通干道,车都从上面过,西藏只要去过的老师和同学都知道,它的昼夜温差特别大,所以路面特别容易损坏,夜里很冷,白天太阳很晒,温度很高,路面损坏很快,需要当地政府拿出钱来修,但是他们没有钱。像一些漂亮的灯柱,他们平时都不敢开,因为电费太贵了,所以只能节假日的时候开一下，平时都只有普通的路灯来照明，这样的灯是不敢开的。我自己做了一个梳理，中央政府 1984 年到 2005 年援助的项目，市政发展类的占到 16.42%，这个部分是要财政来维持的。交通能源类占到 52.43%，大家在内地是能看到高速公路是要收费的，但是西藏的路是白用的，这部分也要靠财政来维持。改善生活条件类 22.55%，比如说建房子，这些是一次性投入，它不产生经济效应。生产经营类占到 9% 效益普遍不佳。我调查了 24 个建成项目，而且我从 1994 年第一次去一直跟踪，一直到今年，我 8 月份去的时候一直跟踪这 20 个项目，有些已经不在了，有些已经变了，变成私营的了。只要它是国营的，国家投资援建的，效益普遍不佳。实际上这部分应该产生经济效益，所以超过 70% 运转困难，也就是说我们在那里投资，在那里建了很多项目，实际上普遍不乐观。我自己的研究发现，在西藏产生了投资依赖，或者叫作援助依赖，因为援助的项目大部分不能直接创造经济价值，不会在短时间内促进经济增长，而且有些在长时间也不会创造经济价值。我的研究发现，在西藏出现了援助黑洞。黑洞是天文学上的一个现象，它会把很多东西都吸附进去，而且吸附进去以后什么都看不见，叫作黑洞。那么为什么我用这么吓人的一个词来形容呢？就是说这里已经出现了一个循环，就是我们投钱进去以后，西藏民众的生活确实改善了，但是这些项目需要中央财政和对口支援的地区出钱来维持，需要继续援助，已经出现了这样的投资循环。就是投进去的钱越多，建成的项目越多，需要来维持的钱也就越多。那我们援助的目的是什么？不是说让他们离不开援助，但现在确实产生了这样一个效果。

所以加拿大有个学者写了一本书，叫做《设计的贫困》，他认为西藏的贫困是中央政府设计出来的，但是我不同意，虽然他的著作也是一本很严谨的学术著作，但是我认为他的角度是冷战思维的角度，他的结论是有偏颇的。我用将近 20 年的时间对 20 多个援建项目进行跟踪，还有问卷调查包括户访，我得出来的结论就是，现在西藏已经离不开援助。60 多年过去了，中央政府我们的领导人讲话的时候强调的是通过对西藏的援助启动西藏自我发展的活力和动力，可以说这个目标没有实现，将来有没有机会实现，还需要观察。但是目前就是投的钱越多，援助的项目越多，需要的钱就越多。双向依赖的另外一方面是什么呢，就是中央政府的策略依赖。我想中央政府也会看到一些真实的情况,因为从中央政府领导人的讲话,包括过去从李鹏到朱镕基,从江泽民到胡锦涛,他们都讲西藏要自立更生,西藏的干部和群众也要靠自己,要奋发、努力,援助很重要,但是自身也要自力更生。但是从策略来看,固定资本增加,“十五”900 亿,“十一五”1100 亿,“十二五”的 3000 亿。一再延长对口援助时间,1994 第三次西藏工作座谈会说对口援助十年,到了 2001 年的时候再延长十年,2010 年第五次西藏工作座谈会,继续延长对口援助,中央的办法就是用财务在西藏实现现代化,加快经济发展来解决所有问题。现在看来,经济增长已经实现,但是经济发展有很多指标,包括产业结构的转变、劳动力的就业、部门的改变,还有文盲率的下降、教育的普及,还有很多硬指标,所以这样的策略实际上就是在强化依赖。

依赖的成本。(1)经济成本,既有财政拨付、项目援助等投入,亦包括项目建成后养活维持的拨款、救济和补助等。由于传统援助方式无激励效应和约束力,西藏几乎永远走不出援助依赖。(2)心理成本。“援助焦虑”,这是双方的,被援助使西藏各族干部产生无能感和失败感;中央政府表现为发展急切,提出跨越式发展,强调要自力更生。(3)社会成本。其他少数民族地区的攀比,汉族的不满。我在中国的其他少数民族地区调研的时候,听到很多很多不满,新疆和西藏不想要,中央政府都要给他们,我们却要不来,还有其他的藏区也非常不满,对西藏不满,对中央不满。

(四)援疆的发展及演进

援疆有两个阶段。第一阶段是 1996—2009 年,是小幅度的,有干部援疆和干部与经济援疆,但是力度不大。2010 年到现在就是全面实施对口援疆,项目、资金、人才强力投入,还有优惠政策,可以说是暴风骤雨式的。看一下新一轮的对口援疆计划:“十二五”期间,对口援疆的 19 省市援助资金为 600 多亿,而且这 19 个省市每年要把财政收入的 0. 6% 用来放到新疆去,财政收入增长,这个比例也在增长,而且通过转移支付专项资金占用一些渠道,中央投入的资金规模将数倍于对口援疆的资金,中央投的更多。我自己有一个比较,就是西藏从 1984 年到 2014 年,30 年,各种资金,不完全统计(因为这个很多资金是不透明的,尽管我有一些特殊的渠道,中央党校做调研有一个有利条件,就是我们有很多学员是各部门的领导,可以拿到一些比较内部的数据),1984 年到 2014 年援藏的资金加起来大概是一万多个亿,从 2010 年到 2014 年这四年投入到新疆的资金现在已经超过一万个亿。援疆分成两个部分。一个部分叫民生援疆,这部分投的钱不算特别多,600 多亿,主要是做一些改善民生的项目,帮助老百姓盖房子,建医院,盖学校,这部分叫民生援疆。值得关注的是另外一部分,第二个部分叫作产业援疆,大家可以看一下,到 2014 年的一季度末,有 53 家中央企业在新疆的投资是 5900 多亿,新疆和 19 个省市经合项目到位资金为 5000 多亿。新疆四年超过一万亿,各个渠道可以说狂风暴雨,我只能用这个词,还有人才和智力援助、干部援疆,还有培训新疆的各类干部、帮助新疆培训高校毕业但是找不到工作的这样一种毕业生,还有就是培训新疆的老师,2010 年到 2014 年也做了这类的工作,它叫人才智力援助。

(五)出现的变化

尽管时间比较短,但是也出现了一些变化,我每年一次到两次去新疆也观察到一些变化。一个是固定资产的投资提升,前期它的提升是比较缓慢的,2009 年、2010 年以后可以说提升得非常快,2013 年的数据还没有出来,出来可能会有非常明显的变化。还有就是民生改善,帮助老百姓盖房子、建医院、盖学校其实是解决了一些直接限制和紧迫的难题。大家可能关注到新疆处于地震断裂带,非常容易地震,去年有过一次比较大的地震,但是这些安居房减少了人员的伤亡,这些可以说是确确实实地帮了老百姓的忙。还有就是生产总值指数,也可以看出来,投资拉动是很明显的,投资生产总值指数这些年的变化不太大,到 2009 年的时候由于“7・5”事件,非常明显地受到影响。2010 年以后投资非常的明显。还有就业增加,这些是官方的数据,我放到这供大家参考,可能会有水分,当中像这个历史沉淀的大中专毕业生就业率,还有少数民族高校毕业生就业率能不能达到这么高,要做具体的研究,但是我放到这供大家参考。投资和项目增加对就业是有所缓解的,只能说“有所”。

(六)援疆当中应该思考的一些问题

短短的四年时间投进去一万多亿,我们看一下新疆的经济运行水平,这个是最新的经济运行水平，我得到的这个是2012年的经济数据，国民生产总值是7000多亿，全社会的固定资产投资是6000多亿，那么援疆资金投入是将近一万亿，现在已经超过一万亿了，援疆的项目是2000多个。我们看一下新疆在哪个位置，人均财政收入和财政支出在西部省区当中它也不是很好的一个情况，所以这么样一个地区，多民族、多宗教，这样的一个地区，这种狂风暴雨式的一个资金、项目投进去以后会出现一个什么样的情况？这个东西我觉得非常值得关注和思考。所以新疆的问题和西藏的问题有很大的不一样，援疆和援藏带来的这个对社会的影响也是不一样的。看一下新疆特殊的情形，2010年中国第六次人口普查显示新疆59.9%是少数民族，将近60%，差那么一点点就60%了，尤其在南疆地区，现在援疆项目的投资在南疆占到全疆的59%，就是将近60%投到南疆里了，这个地方呢少数民族的人口占到90%以上。所以这些数据的重合，真的让人非常地忧虑。我去了以后也跟当地的援疆部门——前线指挥部，简称前指，跟他们座谈，他们提出的是干部、人才、技术、管理全面的输入，强调的是速度和效率，比如说深圳效率、上海效率，山东速度、广东速度，提出的口号是这样一些口号。比如说深圳对口援助喀什，深圳在喀什提出来的口号是在喀什重建一个深圳。大家知道，当时建深圳的时候它是一个小渔村，基本上是一张白纸。喀什是一个历史上的文化重镇，在这个地方重建一个深圳，意味着什么？在这些综合规划当中，我也看到对口援助喀什的山东、上海、广东和深圳他们的规划，他们的综合规划、五年规划当中，甚至不提当地少数民族人口占的比例，没有这个数据，没有这个指标。语言、文化、风俗、宗教信仰，这样的一些特殊性，视若无睹，像是平地起高楼啊，就要在这里搞建设。新疆三次产业的人口就业比率在这里，一产48.9%，二产14.8%，三产36%。那么我们看出来一产的就业比率占了将近50%，在这样一个地区，来做一些大型的产业，投入进去，尤其像喀什地区这个地方，喀什非常典型，南疆的一个非常重要的文化重镇、历史重镇，它的人口是400多万，全部总人口400多万，城镇就业者占到22%，乡村就业者占77%，现在产业援疆，在这个地方投资做产业的援疆的项目有多少呢？一共22个工业园、5个工贸园、2个新城、20多个贸易市场，这么多的东西投到喀什。我列出来的地方，如上海、广东、山东、深圳，对口援助喀什的不同的县，包括兵团，规划像上海十大工业基地、四个产业经济园区，推动闲置设备和产业转移，像广州新城、山东的工贸园,还有深圳要建一个深圳城,还有什么产业园。喀什的城镇就业人口是22%,乡村就业人口70%多,这个是他们建的市场,这个是盖的住宅楼,这个住宅楼的一层应该是一些商铺。但是我今年去的时候,没有看到有人入住的迹象。从2013年开始,新疆的暴力恐怖事件进入到频发和高发阶段,实际上从上个世纪80年代开始,新疆就不断地有暴力恐怖事件,没有断过,从2013年开始进入到频发和高发,可以说历史上没有,建国60多年来没有过。这当中像2013年4月份和11月份,在巴楚这个县就发生了2次,这一个县就发生2次暴力事件,还有反恐专家特别注意提醒的就是"10·28"北京清水桥事件,这个事件反恐专家认为它对的意义超过"9·11",但也有专家不同意这个看法,认为"9·11"发生的时段美国的安保措施跟天安门广场的安保措施不能同日而语,美国人那时候因为两次战争都没有发生在美国本土,他们是很骄傲很自豪的,过去进入公共场所是不需要什么安保措施的。但是天安门是我们首都的心脏,政治经济文化的中心。制造事件这一家人,三个人四条命,他太太是一个孕妇。全世界这些暴恐自杀性的事件当中,以家庭为单位的非常罕见,像车臣的那个黑寡妇,她也是个人。暴恐事件,尤其是这种自杀性的暴恐事件,一般都是以个人为单位,这种以家庭为单位的还非常罕见。所以这个专家在2013年的时候断言,这个暴恐会升级,我听他说这个话的时候是在一个会议上。不幸的是应验了,刚刚3月份,这个事件跑到了昆明,4月份在乌鲁木齐,又发生了两次大型的暴力事件,伤亡很惨重。9月份的轮胎暴案,也是一个大型的暴案。还有1月28日,刚刚过去的几个月,莎车又发生暴恐案。公安部门统计,在2014年打掉暴恐团伙115个,抓获在逃的嫌疑人334人,52名嫌疑人投案自首。也就是说实际上这些被抓获的没有爆发出来,即使是这样,这些是公开报道的,那么不公开的就很难说了。我今年8月份去了一趟喀什,是请我去讲课,我觉得是一个很好的机会,我就想在喀什做一些调研。当时喀什非常紧张,我在那里待的几天给他们当地制造的压力太大了,他们特别担心我出人身安全。所以后来我也就草草结束了,提前结束。口口相传,在喀什的大街上,公开的砍杀,在今年的下半年就发生了2起,有名有姓谁谁谁,都能指出来是哪个单位的,而且当时是一个什么场景,都讲得非常形象。所以我十多次去新疆,就这一次可以说是最紧张的,基本上是出了门就要上车,下了车就要进门,就是这样的一种节奏,不能在道上走。当地人就非常非常紧张,搅着我非常紧张。我觉得弥漫的这种恐怖也是一种非常大的伤害,这个不光是汉族,少数民族也是非常的紧张。我自己在想,这个里头,我们的援疆和暴恐的高发频发有没有一种关联。这么多大型的项目投下去以后,在这段时间里头,当地老百姓的生活可以说某些局部是改善的,比如说住房,一些老百姓得到了新的住房、医院、学校,这些确确实实是看得见的。但是同时我们也听到非常多的抱怨,物价飞涨,房价涨了,羊肉涨了,红枣涨了。这种钱大量流入一个地区的时候,出现的这种急剧的通货膨胀,实际上在历史上就出现过,就叫"荷兰币"。当时我们最早发展海运,到海外运进来很多东西,短时间就发财了,但这个发财只是一部分人获利,刺激到整个社会的通货膨胀。所以,对一些老百姓来说,可能在短时间内生活不仅没有改善,还面临着经济上被边缘化,因为我们刚才所看到的那些大房子,南疆的普通的农民是住不进去的,他们没有条件住到里面去。而且像上海投资的那些工业园,广东、山东的那些工贸园,南疆的农民也是没有办法在里面就业的。所以,对于他们的就业,对于他们的生活,可以说在目前来看,没有直接的帮助。

那么,这样的一些现代化的东西的投入,会带来文化恐慌,在南疆,这种文化恐慌已经因为一些事情被激发出来。比如说,我们在那里搞双语,双语本来是老百姓很欢迎的一件事,但是,有一些官员急于求成,追求政绩,强行推模式三,就是三个模式,模式一、模式二、模式三。其实如果是遵循发展规律,应该先从模式一开始,然后培养师资,也培养整个社会的心理承受能力,逐渐过渡到模式二,然后从模式二在条件具备的时候再进到模式三。但是,南疆的很多地方一上来就强行推模式三,这个也引起了老百姓的恐慌,尤其是一些文化人的恐慌传染了老百姓。所以我就提出了这样一个角度,就是说这种暴风骤雨式的项目的投入,和暴恐的频发和高发有没有相关性?因为新疆这个比较短,就是2010年才开始做,所以还有待于观察。我自己做了这么多年的研究,提了一些建议。

第一,制定援助法律,在法治保障下实行援助。我们现在讲依法治国,没有法律真的是随心所欲,现在这个援助在实地看的时候是非常有意思的。这个圆柱这个事情本身成了一个博弈的一个平台,多种力量在这个平台上博弈。那么为什么能博弈?是因为没有法,如果有法而且按照法律来做这个事情,那就会减少很多的不确定性,也能减少很多的博弈。但博弈不一定是个坏事,但是这种在目前没有法律的情况下,我把它叫做“双盟博弈”,甚至是“多盟博弈”,就是这个地方不知道这个援助能到多久,当地要紧紧抓住这个机会,过了这个村没有这个店了。所以当地就要想方设法,想出各种的招来,来要钱。那么对于中央来说,他也面临着很多的不确定性;援助的省份,出钱的、掏钱的这些人,也面临着很多的不确定性。所以现在实际上三方甚至多方在这个平台上博弈,那么这种互盲的博弈,我感觉产生的不是良性的互动,这是我的第一个建议。

第二个建议,调整援助模式,惠及广大民众。世界银行、国际货币基金会在很多国家做援助,但是对这些援助项目的评估发现,这些援助往往受惠的是这些国家的官员,其实并没有真正地帮到穷人。这个是世界银行、国际货币基金组织他们做的项目的一个评估的结果。那么我们看一看中国的援助,有没有真正惠及到广大民众?我们援助的目标是什么?就是谁在发展?为了谁的发展?我们援助到底是为了什么?难道就是在那里盖一些高楼?建一些电站?搞一些学校?这是我们援助的目标吗?我想我们援助的目标是让中国所有的人都能有尊严地生活,这才是我们援助的目标。那么这种援助模式不能惠及广大民众,很多人他根本就沾不到援助的光,甚至在援助这段时间还会恶化他的生存状态,那这个模式是不是应该调整?

还有第三个建议,实行第三方立项审定和项目评估。第三方既不是政府,也不是援助方,也不是受援方,就是独立的、完全置身事外的,这个也非常非常重要,如果这项不存在,那么这个援助的改善可以说没有指望。今年7月份我去了西藏,是中央党校承接的一个项目,一个课题组去了西藏,到那以后很有意思,因为我过去去西藏都是我自己去的,只有这次是跟着课题组去的,后来我没有办法就脱离课题组了,我跟领导请假了,我说我没法跟着这个课题组行动,他也特批说你们因为教学比较特殊,所以你们可以脱离大部队。因为这个课题的钱是自治区拿出来的,所以你到哪儿去所有的东西都是他安排的,你听到的所有东西都是他事先排练过的,他带你去看的都是他让你看的,而且他让你调研的目的是通过专家的嘴巴来说他要说的话,仅此而已。这个就不是独立的评估,也得不出什么科学的结论,所以我觉得这个必须是独立的,包括立项的审定和项目的评估。

第四个建议,要探索西藏和新疆的发展模式,实现特色的现代化。西藏和新疆是中国非常重要的两个边疆,中国的少数民族的居住方式大部分是大分散小聚居,插花杂居,但是唯独在这两个地方,在西藏和新疆的南疆地区,是少数民族高度集居,那么这样一些特殊性他们有没有特殊的发展模式,还是一定要走工业化的道路来实现现代化,是不是必须要走工业化道路?在西藏发展工业可以说基本上是失败的。现在有一些加工业成功了,我调查的那个项目当中有个拉萨啤酒厂,特别成功,但是也不是国企,他后来合资了,先变成股份制,后来又合资,现在这个厂子已经变成一个现代化的工厂。但是那个地方如果是这种制造业,基本上不成功,反正我没有发现成功的例子,在这两个地方是不是一定要通过工业化来实现现代化?新疆这个地方南疆和北疆又不太一样,它的经济基础、民族人口比例都不太一样。新疆南疆这个地方我感觉他是一个很特殊的地区,必须探索有特色的现代化。

第五个建议,加大人力资本投资,扶持自我发展能力。新疆到2010年的时候,初中、小学文盲半文盲占15岁以上人口68%,那么这么一种情况之下,来搞大规模的工业、大规模的商业,显然是成问题的。另外近二十年了人才大量外流,现在新疆人在外流,麻雀都在东南飞。

第六个建议,实现参与式、包容性、融合式的发展。实际上我在新疆、西藏调研这么多年来,也看到一些比较好的一些例子。最后给大家讲一讲桃子的故事。

山南的一个果园,种的是桃子树,我去调研的时候他们带我去看苗圃里的喷灌,看完就说"靳老师我们去摘点桃子",到了这个桃园里头看见桃子结得特别多,树枝上结满了桃子,密密麻麻,但是桃子都很小,学员说给靳老师找点大桃子,我说就摘这个吧,摘完了就给卖家钱,后来勉强摘了一点就出来了,往外走的时候就看见果园的主人,我就跟他讲,我说你这个桃子长得挺好的,你能不能去林业局找技术员给你嫁接一下,给它嫁接成大桃子,然后春天疏一疏花,不要让它结那么多,这样的话桃子会又大又好。可是这个果园的主人笑一笑,也不回答我的问题。外走的时候司机告诉我:"靳老师,我们西藏不需要大桃子,我们需要的是小桃子。"我就很奇怪了,我说大桃子不是很好吗,司机的解释是这样的,他说农牧民进城赶集,小桃子一块钱可以买五

个，大桃子一块钱只能买一个，所以小桃子可以分给他的几个孩子吃，大桃子买了没法分，这是司机的解释。

我跟西藏学员分享这个故事的时候，学员告诉我另一个答案："靳老师，小桃子更好吃，这个小桃子是藏桃，适应本地的水土，所以不要看它个小，酸甜水多。"他们说这个小桃子好吃，所以我从桃子这个事情我就想，实际上我们回过头来看，从 50 年代开始，老一辈无产阶级革命家当时解放的时候，我觉得他们真的有一种情怀，要帮助少数民族，当时提出来就是把苏联那一套搬过来，以对大民族的不平等来补偿来还债，所以新中国成立 60 多年以来我们一直在援疆援藏。我也有其他的考虑，比如说，西藏闹事就援藏，新疆闹事就援疆，这些是其他的考虑。但是对口支援少数民族地区是新中国成立以来一直做的一个事情，但力度不一样。那么我就想，我们是不是一直拿着我们认为好吃的大桃子给别人呢？这个大桃子是不是他们喜欢的？而且这个大桃子到了他们当地，能不能适应当地的水土？能不能比当地的小桃子更有优越性？我们的执政党、我们的各级政府的官员，包括我们做项目的这些人，有没有去问一问当地的老百姓，你们喜欢的是小桃子、中桃子还是大桃子？好像没有。所以我想这样的一些援助的项目，这样的一些资金，像这 19 个省市这个钱并不是天上掉下来的，都是纳税人的血汗，那么投资到中国的边疆有没有真正帮到那里的老百姓民众？我想要多问几个为什么。

评议与讨论

潘蛟：这个报告讲得很精彩，我很赞同你对援助的理解，你给我们解释了具体的数据、具体的情况。西藏是主要问题，也谈到了新疆，新疆是一个很复杂的问题，积极的投资和社会的暴力事件这些很复杂的问题我们暂时不讨论。我在这无意再重新总结你的发言，我觉得这毫无意义，因为你已经讲过，讲得很清楚了。我的一个问题就是，对于你的几点建议，像中间有一条是参与式的发展。联合国走了多少年的这样一个模式，联合国因为早期世行的项目、亚行的项目，他们也来做一些参与式，我们这些做这个的好像也不是不知道，但是推行起来为什么就这么难？但是我相信其实在你的建议中的第一条，你说援助的程序、立法的问题，可能有一定的观点，它是一个急救性的、突发性的一个时间引发了这个。中央关心全国支援西藏那个模式实际上是在国外的一些说法，西藏多少年没有发展，其实当时在中国，我的印象是在 80 年代初，当时中国像《河殇》这样的片子出来以后，它有一个冲击力，就是说中国共产党搞了几十年的社会主义革命，只是把全国人民搞得一样穷，把富人变成穷人而已。除西藏以外，国家对海南岛和深圳的建设开发却很成功，这些建设旨在体现社会主义的优越性。

靳老师的桃子的故事实际上也告诉了我们答案——参与式的重要性，你得知道人家需要什么。但你中间也谈到过它的自身的发展能力的问题，你归结于一个人力资本投资，其实这个问题也不是今天在讨论，以前讨论“输血型”“造血型”这一类的，这个弄过来，你想在这里建个羊毛厂，那也是一个“造血型”的意思，但是不行，刚才谈到了很多问题，谈到这些问题的时候其实还是当地人的参与程度怎么样这一个问题。如果归结说国际的这些经验，我们国内可能真没有认真，只是当时应付世行、亚行就完了，这个问题没有得到贯彻，但是你确实也提到了，这个问题让我在想这个事情。另外一个，就援藏和援疆的项目来看，在援疆里面你提到了一个特别的是投资援助、产业援疆，投资项目很大，也许投资方可以把它变成一种造血或造钱的情况。

有人跟我说新疆有个问题，一个劳动力的外输，很奇怪的一个事情，甚至把维吾尔族人弄到广州去打工，但是你会发现新疆缺劳动力，每年拾棉花的棉工,异地的汉人进入新疆,那你问维吾尔族不能拾棉花?他们为什么不能当工人呢?但是说法就很多了,也是来说他们的文化问题,他们吃不了那个苦等,这个里面就有一些问题。老实说,看维吾尔族发展的时候,他们经常说他们商品观念淡薄,一会又说他们是最会做生意的,一会又说新疆农民技术落后,农业不行,他们有个城市化的问题,他们的文化的转型,变成城里的工人,这一类的问题。最近援疆项目你也注意到,当地的除了干部以外这些民众都大程度地参与,我不相信官方没有想过这个问题,地方的官员你不能说他们是傻瓜,他们比我们懂得的多,但是这个问题在哪里?我想听一下靳老师的意见。

靳薇:潘蛟老师提这个问题,实际上就是怎么实现参与式,在西藏有这个问题,在新疆也有这个问题,我想讲两故事。第一个故事是关于饮水工程,西藏有一些地方的老百姓由于喝当地的水出现地方病,就是大骨节病,它这个饮水是不安全的,所以在"十一五"的时候政府就投资大概 50 个亿来改善饮水问题,在拉萨的一个县,日喀则的一个县,政府投资 50 万建了一个饮水的管道,来改善一个村子的饮水的问题,这个管道花了很短的时间就建成了,50 万建了一条,但是使用了很短的时间就报废了。报废的原因一开始是因为管道破了,因为昼夜温差太大,白天暴晒,晚上非常冷,结冰,然后白天一晒管子就破了,后来又花钱买新的管子换,换上以后,又面临着一个问题,出水的水源枯竭了,所以这条管道就报废了。报废以后老百姓的意见非常大,一个是安全饮水的问题没有解决,还有一个他们都知道政府拨了 50 万,请了包工队来建这个工程,那么这 50 万是不是被政府官员贪污了,是不是被谁吞掉了,意见非常大。但是关键的问题是饮水问题还没有解决,他们又打报告提出来再拨 50 万,重新解决他们安全饮水的问题。

讲到参与式的时候,在西藏的国际 NGO 是很稀少的,由于西藏这个地方非常敏感,所以国际 NGO 很难进到西藏去,但是有一个国际 NGO 也做了一些工作,就是英国救助儿童会,这个 NGO 我觉着真了不起,我在他们很多英国官员面前都夸奖他们这个 NGO。这个英国救助儿童会他们也做了一个项目,就是改善饮水,他们花 5 万块钱解决了一个村子的安全饮水问题,而且饮水这个系统用了十年还能使用。这是为什么?关键就是参与式。他们这个项目官员花了一年的时间先考察水源,他们请了村子里的老人,请教他们周围有哪些水源,然后花了一年的时间来观察这些水源,旺季和枯水季出水的情况,然后在这段时间里由这个村子里的人组成一个管水小组,然后这个管水小组来参与选址,管道经过哪些地方、这个地方怎样设才能比较好地惠及每家每户。这是他们村子里的人和项目官员共同完成的,而且修管道的时候每一家都要出一个劳动力,在这个过程当中他们还申请了一个特殊的免税的优惠,从瑞士买到了一种新型的管子,既能经得住暴晒,又能经得住严寒,这个管子在西藏是很好用的,用扶贫这么一个名义免税买进来很便宜,修建是大家共同出力建成的,所以只花了 5 万块钱。这个项目完成以后,这个村子里的人自己可以管水区,他们可以管饮水的管道,坏了他们知道怎么修,而且他们自觉地维护这个管道。

在西藏和很多少数民族地区政府官员经常听到的一句话:"政府,你们的路破了,赶紧来修。政府,你们的房子破了,赶紧来补。政府,你们的水渠不流水了,赶紧来帮我们。"就是这些东西不是老百姓的,是政府的,因为是政府拿钱修的,而且也是政府雇人给他们搞的,跟他们自己没关系。中国要想实现参与式(援助)真的非常难,因为跟我们的历史文化有关系。中国的历史从来都是从上到下的,中国的文化就是"当官不为民做主,不如回家卖红薯"。

当官就是要为民做主的,所以当官的天然就有一个使命,就是要为老百姓来做主。进到这个系统的人,不能说他们不聪明,中国的官僚系统,我在中央党校工作了 30 年,我几乎天天和这些官员接触,所以就是说社会上对于他们这种神秘化,包括对他们那种妖魔化,对他们的污名化,我心里是非常清楚的,可以说中国的精英,绝大部分都进入了官僚系统里面了,不能说是完全,但是绝大部分。进去之后就会被异化,他就是天然就要变成为民做主的,他不会去想着问老百姓你们到底要什么,怎么做对你们才有利,他们也不会从这个角度来想问题。

我这次在新疆碰到一个人,进一步证实了我的推断,这个人就是和韩寒一起脱颖而出进入到清华的,在清华读了本科、硕士、博士,毕业留校,在清华工作,就这么一个人,现在在新疆喀什的一个镇当镇书记。我们谈了一晚,我也做了录音,他是新疆作为人才把他从清华引进的。他在新疆时间并不长,他已经被官僚体系异化了,他跟其他乡镇的党委书记也有不一样的地方,他有头脑,而且他有人脉,他能拉来很多很多的钱,在他这个镇他一年能拉来上千万元的资金,来做项目,来搞建设,这一点是其他官员做不到的,但是他们的思维模式已经被本地化了。

新疆的政府管老百姓管到哪天下种、哪天浇水、哪天收割、种什么、种多少,全部是政府在管,政府让你种核桃你不能种棉花,政府让你种红枣你不能种核桃。我前几天开会碰到一个新疆的老师,他就说红枣已经成灾了,我问他政府有没有必要管得这么细,包括种什么、种多少、哪天种、哪天收。我就跟他谈讨政府有没有必要管得这么细,他说有必要啊,如果你不管老百姓是不会种地的,就是老百姓不懂得种地。我和他说我们新中国的政府才 60 来年,新疆这个地方已经几千年了,从张骞通西域的时候当地已经有很多人在那里居住了,我问那里的祖祖辈辈是怎么生活的?他们不懂得种地的话,在这片土地上他们怎么生存?他回答不上来我的问题,就这样的一个人难道能说他不聪明吗?他去当地还没几年,他已经被这个机构异化了,他天天忙得找不到北,但是他们在做什么呢?

讲到新疆,新疆的参与,新疆的维吾尔族是这样的。有一个援疆的干部,是某个省的总指挥——全线的总指挥,就等于那个省派出的援疆的最高长官。我和他探讨,他对当地少数民族的评价非常低,我理解他是用一种汉族文化中心主义这样一种观点来评价当地的少数民族,他甚至认为这些人是不可救药的。

具体讲到维吾尔族这个民族,他在某些地区都是有经商传统的,像阿图什,现在在新疆做生意做得比较成功的人几乎都是阿图什人,包括开饭店,大大小小的生意,做得比较成功的大部分都是阿图什人,但是很多地方他们基本上是务农的。有一个马歇尔计划,是关于战后重建,马歇尔计划比较成功的是在原来有工业化基础的国家重建是非常成功的,但是这个计划在很多国家也碰到了障碍,就是说原来以农业为主的一些地区和国家,马歇尔计划实际上是失败的。所以在这样的一个地方搞工业化,首先要解决的是你怎样把一个农业的劳动力培养成工业的劳动力,这是最大的挑战。

现在他们在本地,本地的老百姓要求每天发工资,日薪,但是后来这些老板发现日薪流动性太大了,他拿到钱就不来了,但是月薪他们绝不接受,几乎招不到工人。现在政府规定要按照一定的比例来招收当地人,最后他们想出一个折中的办法,就是周薪,日薪的话人很快就会散掉了,就变成周薪。但是即使是周薪也有很多人拿到工资就去喝酒了,然后下一周就不来上班了。怎么把农业的劳动力变成工业人口?工人朝九晚五,必须是按时按点地来上班,对于农民和牧民来说是很痛苦的。艾滋病流行在全世界都是解决不了的,人的行为模式是很难改变的,他明明知道这样会得艾滋病,但他还是要这样做。就像农业人口的行为模式是很难改变成工业人口的行为模式,特别难。

我在新疆去了一个私营企业,也就是援疆的私营企业,是一个水泥厂,我去访谈企业的老板,他有办法。他招工就说,有生产的岗位,有看门的岗位,生产岗位一月6000块钱,看门的岗位一月3000块钱,但是报名看门岗位的人特别多,报名生产岗位的人特别少,几乎没有人报名,因为生产岗位要保质保量,按点上班,看门的岗位比较闲散,光坐在那里不用干什么。这个老板先用看门的岗位把人招进来,招进来以后让他们慢慢适应工厂的生活,然后用高薪来诱导他们,让他们去生产岗位看看,工作也不是很辛苦,但是工资拿得多,还有奖金什么的,就慢慢地吸引他们,他工厂生产岗位的维吾尔族的工人都是从看门岗位慢慢地转过去的。用这种办法来逐渐地培养少数民族的工人,这也是一种参与方式。

农民工从"农民"变成"工",有一个过程,而且这个过程是由他自己来承担代价的,而不是由他人在短时间内强制完成的,农民迁移到城市里面来,需要租房、吃饭,需要寄钱回家,所以为了经济的压力,他强迫自己改变。西藏的藏族、新疆的少数民族,他们为什么能活下去而并没有离开家?对他们来说也不是住房的问题,也不存在生活的压力,可能羊肉比原来贵一点,但是他们也能活下去,他们为什么要忍受这种转变呢?拿着钱他就不来了,也不受你管。

学生提问:非常感谢靳老师给我们展示了这么多我们不了解的信息。援疆这个项目确实投入了很多资金,但是没有达到预期的目的,反而带来了一些负面的结果,我自己很感兴趣的就是这种负面的结果。靳老师提到物价的上涨,社会学里面有两种关系,对不同现象之间的关系。一个是相关关系,确实因为援疆项目进来了,物价上涨了,这种就是相关关系,我的理解是援疆这些项目导致当地的物价上涨,那么这是一种因果关系。我们说因果关系的时候我们要做一件事情,就是要排除其他因素的影响,或者其他主要因素的影响,我们可以判定就是因为援疆造成了物价的攀升。但是我们不能忽视的是中国的市场经常是连到一起的,比如说内蒙古,非常敏感的是羊肉,北京羊肉一涨,内蒙古的羊肉必然是涨的。我关心的是这里的物价上涨多大程度是由市场因素引起的。多大程度是由援疆项目引起的,当你提出这样一种结论的时候,你是不是排除,你也考虑到其他地区,非新疆以外地区是不是同样的商品的物价没有上涨,他反而上涨了。如果是这样一种方式排除了的话,我们这样一种结论是可以成立的。今年我们去边境,那边就是蒙古国,这边就是内蒙古的东乌旗,牛犊的价格差十倍,是因为市场没有连到一起,是因为有关税的原因。但是个体带回来一些礼物给亲戚是可以的,但这不是一个市场,这样的一种行为不会对内蒙古的物价产生多大影响,但是新疆无论离北京多远,他跟中国的市场是连到一起的。你得出这样的一个物价攀升的结论的时候有没有考虑到这样的一些因素?

靳薇:物价上涨我分析有这么几个原因。第一个原因是人口增加了,因为你要建这些项目,所以当地的建设人口在短期内急剧增加,但牛羊不可能短期内增加,需求加大了,物质本身是有限的,所以价格高了。人口增加了,吃羊肉的人多了,因为去盖房子的人也要吃肉。像喀什这个地方,就只有羊肉,猪肉非常少,大家都吃羊肉,那么多人去了那里,对肉的需求肯定增加了。

第二个是很多东西通过援疆被引到内地来了,羊肉不明显,最明显的是红枣,对于红枣新疆人意见特别大,当地人吃不起红枣了。过去新疆最好的红枣一二十块钱一公斤,现在新疆比较好的枣子已经过一百了,所以新疆人现在吃不起枣子了。这是为什么呢?是因为好多新疆枣子通过援疆的人拿到内地来卖,中央党校的那个小超市里面都摆满了和田大枣、新疆骏枣、新疆灰枣等,全是新疆的枣子。

第三个是市场的因素,就是全国的物价都在上涨。这几个因素,人口增加的因素、援疆带来的影响、从新疆引进到内地去,这本来对产地应该有一个低流效应,就是说当地人应该受益了,但实际上被中间的商业环节把钱赚了,就是产地的老百姓没有挣到多少钱,新疆本地的消费者价格被抬高了,损害了他们的利益。

还有一个最重要的,就是心理因素。就是在这些因素当中,这些算是客观的原因,心理的原因是精神上的原因,这个是互相影响的,这些原因影响到心理,心理又反过来加剧了这些原因,所以新疆人产生的这种物价焦虑有实际上的物价上涨的因素,还有大规模的经济建设和异文化的进入带来的心理上的焦虑。我觉得这个用社会学的相关性来说可能不能一一对应,但实际上你去当地,而且多次去、反复去,你就会感觉到。我在当地有很多朋友,每次去也是做各种访谈,包括这次去喀什,情况这么紧张,我跑了七个村子,我感觉这些都在互相作用。我个人认为在新疆这样的地方,尤其在南疆,这样大力度的投资,用力过猛实际上激化了原来的社会矛盾。

潘蛟:如果从经济学的角度分析,物价涨使他们的收入涨,那为什么收入没涨?来了很多的人,那些人的收入涨了,那就是本地的人没进来,而且物价涨因为你的收入涨。这里面有一个问题,当地人的收入没涨,是外来人口增加的一个结果。那你怎么解释物价涨了?除了外地人口增加,更有钱的外地人来了,但即便是外地人来了,他们有钱了,但是他们买的东西是别人的。养羊的是什么人?种枣的是什么人?你中间有个解释说,中间的商务的环节怎么弄,但是这个很难说,商务的中介在多大程度上能构成一个垄断。

靳薇:在新疆有油田、气田、煤田,一些国有企业到那里去开发当地的资源,对当地的环境是有破坏的,当地的人就进不去,招工是在当地招工,新疆本地人是进不了这样的企业的,破坏了环境,当地的获利是非常少的。援疆是两个部分,一个是民生援疆,帮老百姓盖房子、盖医院,不存在这个问题;产业援疆赢利这个问题还没有体现出来,从当地获利是不大可能的,很多都是空城,和国企在当地开发油、煤是不一样的。

我的假设是出发点是好的,但是方法有问题,假如出发点是坏的,那么不管怎么改善这个方式,都不会成功,和加拿大人的观点比较一致。还有一个民族区域自治的问题,我到英国去演讲,我定了一个题目是《中国西部发展的成就与挑战》,我收获很大。如果中国的政治体制改革还停留在目前这个状况,只把民族区域自治这个问题拿出来,我觉得这只是一个幻想。

学生提问:当地官员肯定是两个成分,一个是汉族官员,一个是本民族官员,民族自治地区还是少数民族官员多一些,他们对待援建项目,参与度等问题和汉族的官员有没有一些明显的区别?

靳薇:第一,任何一个民族自治地方都不是少数民族官员更多,少数民族的干部的数量低于少数民族的人口比例。第二个问题是,汉族的官员和少数民族的官员对援助的观念是不是不一样的。具体到每一个人和每一件事都会有所不同,比如说援藏干部,干部去西藏工作和干部去新疆工作,当地的干部是普遍反感的,不管是哪个民族的干部。因为政治资源是有限的,比如说我到新疆自治区党校,我就是挂职副校长,副校长只有这么几个,我去就把副校长的位置占了一个,就等于把原来升副校长的人的位置占了,他们肯定是不高兴的,这个看法是非常一致的,而且,如果我去援疆或者援藏,是拿两份工资。我在那里拿的是生活补贴,在中央党校我照样领自己的工资,但是当地的干部只有一份报酬,我去了还能提拔,他们在新疆、西藏工作,他们的机会是非常有限的,所以新疆和西藏的干部对于这种外来的援疆援藏的干部不论哪个民族都是不欢迎的。

具体到项目本身,我觉得只要能来钱,只要能给当地带来钱,我觉得哪个干部都是欢迎的。我们这个政绩考核就是要在很短的时间内干出成果来,那么没有钱怎么来政绩?他要修路,他要盖房子,要搞一些工程,能带来钱就是好干部。所以西藏,包括新疆的干部,我听到一个很普遍的现象,就是说你们不要来,把钱拿来就行,他们最喜欢的就是交支票式的援助。

(程蒙欣整理)

车景车境:一个中部“四线”城市的生计生态

主讲人:邵京(南京大学社会学院社会人类学研究所教授)

主持人:潘蛟(中央民族大学民族学与社会学学院教授)

首先,非常高兴能来到民大进行交流,必须先说明的一点是,接下来我所讲述的只是一个大概的粗略的分析。因为往往做完这种田野研究后会有一个休眠期,很多东西并没有那么的清晰明了。做田野研究,也会做错事,那么我现在所有的解释可能只是一个半成品,希望同行给出意见建议。

这个标题,第一感觉主要是对田野的研究,是一个画面的展示。其实好几年前我就计划做这样的一个田野,直到最近两年多才具体开始着手。去的这个地方主要是豫东南,大概四五百个县城,当然我只是选择性地去了几个。带我去的人很有阅历,可以说他是混混,也可以说是豪侠。大家都知道,做这种田野研究有时候可能借助当地的熟人更容易进行。在他带我去的路上,我发现一路上警察对他特别客气。后来通过交谈,发现一件很奇怪的事情,他说前几天这条路上撞死了一个人,但不知道谁撞死的,家属收不到赔偿,尸体就放在路上,凡是从尸体经过的车子都要收路费。我听完这个事情后,头脑里面有一个想法,就是人类学者,或者直接说城里人与当地人(农村人)对同一件事情差异怎么这么大?因而有了最开始的研究逻辑:这件事情不可能这么平常,一定有什么我们忽略的或者没有注意到的事情?

这里向大家简单说明一下我做这个田野研究的一个路线吧,我们走的是106 国道再往东拐,一直到安徽的 204 省道,可能在地图上看更直观、有整体感。在去的途中,这个司机一直提到这条路上一个星期一条人命,非常坦然地看待这个事情。当时我在想,这绝对不是一个环保的生态问题,抛开借助法律索赔的问题，从我自身学术角度而言，是社会或者说是生存的生态。中国社会的很多人都有自己的谋生手段，这些手段之间是相互依赖的，不能去评判哪个是否道德。谈到这个问题，那么这样的研究，很重要的一个意义就是本土的研究一定要自觉到我们自己所处的意识形态或文化环境。比如面对这种荒诞感，我怎么样把自己所处的这个意识形态环境带到我的研究中？掌握一个度的问题。最开始，我把题目交给潘老师，那个时候还没有深入研究。后来回到南京跟一个做农村社会学研究的朋友探讨，他认为我的这个研究其本质就是一个食物链，通俗一点来说就是大鱼吃小鱼。当然，很多东西并没有理清，我也没有达到那个道德的制高点，所以用一种中性的隐喻，说成了生态。

关于这个田野研究的第二个画面，我的感觉就是"卡车经济"突然一下子爆发出来，你会发现城市周围的农村很多已经城镇化了，成为城市的一部分，并且有一大部分人突然买了重型卡车，这么大的一笔投入，到底挣了多少钱？这个运作的过程又是怎么样的呢？

我当时跟一个从人类学的角度研究国际金融的学者谈到这个问题，他就很轻松地说到国际资本在剥削当地的农民。但是我认为，我们可能都犯了一个很容易犯的错误，既有的这种意识会影响研究的本身。因为大家没去过这个地方，我在田野研究的过程中拍摄了一个简短的视频，当初没想到这个视频会怎么样，后来再去回看的时候，觉得这种视觉的和声音的视频可以给大家一个更直接的感受。由于我们现在的相机、手机拍出的画面是有一个大的反差的，可以说是不太真实的，所以我把这个视频的色调或者画面进行了简单的处理，尽量还原真实的色彩，不过度美化。现在大家可以看一下。

这个视频时间很短，大概 15 分钟。现在大家对我这个田野研究有一个最基础的认识了，可以感受到一点这种田野环境。在这里，我要说一点我自己的一个经历。我做田野的这个地方是从 2011 年开始大力发展房地产，之后一发不可收拾。当时的第一个售楼处做期房，很壮观。但当地的房地产发展其实没有后继性，三年以后的今天那个楼盘还有很多没卖出去，反而是周围已经开始盖起一些居民房。我记得 2013 年 3 月至 5 月的时候，出现一次很多人买重型卡车的现象，但是原因还是没有搞明白。我给潘老师题目的时候，才发现这个城市按行政划分的话根本算不到四线城市，而就是这种半死不活的城市吸引了大量的搞房地产的人。可能大家也发现了一个现象——“红丝带”。这个地方,其实有很多艾滋病人,但也不是最多。按照国家对艾滋病地区的政策的倾斜,这个县城并不是很突出。但是这个地方出现了一个特别怪的现象——用自己的病挣钱,即把自己的病兑换成钱。一个最简单方法是收费站,索性在自己村子里设立一个收费站。

在田野研究的过程中我知道了他们这种重卡运货都会超载,因为不超载就挣不到钱,都远远超过了设计的限量。大家都知道,超载对车子的损耗是很大的,超载到这个程度,尤其更大。所以必须低挡驾驶,个人劳动时间成本增加,那么再累,为了生计,很多人还是坚持早早地起床并长时间地驾驶,希望一天可以多几次运输。这种低速驾驶,又超载这么多,一个常识就是不能踩刹车,即使前面有人,否则按惯性肯定会出事。所以这是个高度危险的事情,而且当地骑电瓶车的人很多,与重卡相比,一个不能踩刹车,一个跑不快,也能理解为什么一星期一条人命,一点都不奇怪。

我认为,一些事情乍一看很离奇,但是如果理清逻辑,会发现其实很多逻辑都有关系。其实可以发现制度,特别是一些成文的、理性的、设计的,总是会上有政策下有对策。对策和政策形成的一个对比,就是原生态制度,它和成文的制度是不一样的,其实在我们话语中,更多的往往是不成文的制度环境。我们会发现农村里面见识过世面的人经常说人脉,把这种人脉看成一种资源。我讲的这个事情就是国情,特别是做本土研究的话,大的环境下会有这种距离感,但是这个东西是不是我们本土的人应该去关注的,这也是一个值得讨论的问题。人类学做田野的话不仅要走出生活,而且要走出自己的生活,因而我说的生态某种意义上是一种原生态的制度。

但是一些东西我还不是很清楚,因为他们给我讲的与我自己所了解到的很多不相称。比如他们为什么不恨银行,却恨沙场的老板?我一开始以为国家银行放贷给没有金融知识的农民,通过与黑社会的人相互勾结来规避风险。我是从买车的人的角度看待的,首付 17 万,每个月还要还款 1 万,得还两年,最后经过数据计算,一个月是一分四的利息,这就是高利贷了。当时我想这就是万恶的资本主义、万恶的银行。但事实不是这样的,银行借贷的过程要打点,中间的担保公司也会挣钱,国家银行有严格的审计制度,其实账面上的并不是这样的。这个牵扯到经济学的知识,在这里不作深入讨论。

在做田野研究的过程中，经常可以发现当地的一些话语，比如“办事儿、来事儿、捣蛋二、帮忙、不务正业”等。如果没有深入到这个环境中去，很难理解他们这个话语的意思。一些艾滋病人，在这个食物链或生计环境中，没有资本，没有产，有的只是这个病。那就出现了很奇怪的“要债”现象，一些老板会专门雇这些当地的病人要债，全国各地职业要债，各个黑社会的老板虽然有保镖什么的，但是他们只要拿出国家给他开的艾滋病的证明很多人就会立刻给钱。在这个过程中，你会发现，这些人其中一部分有自尊心，他们认为不能像一条狗，人家让我干什么我就去干什么，其实“做生意”也就是自尊心的表现。跟这样的“干活”相对应也是一种道德评判，类似于农民干活，但我认为现在这样的一种经济让我们停不下来。替人办事的、干活的不一定能够挣很多钱，反而不操心的人不一定就缺钱。在这个片子里面，大家看到的那个开铲车的司机，他很羡慕地说，沙场的老板的儿子才不会让自己的孩子开这种车，沙场老板的儿子要学习，读书，升学。从沙场老板的角度来看，他替自己孩子“操心”，那他雇来的这个开铲车的年轻的孩子谁“操心”呢？这个老一点的司机则认为不用操心，现在每个月近5000的工资，等这个年轻的孩子快结婚的时候，就什么都有了，不用操心。

这些开车的司机最讨厌的就是超检站的站长，工资2000，但所有人都知道他有车有房。根据2000的工资，手下的小兵都是抽的中华烟，那这个是怎么回事呢？所有人都是明了的。其实这个超检站可以理解是私人收费站，那么它与村子关系是怎样的？愿打愿挨。因为被查，很清楚地知道，如果按照正规程序来办，那么肯定要扣的分、要查的钱就不是这么一点了。也就是说对于运输货物的人而言，一定要超载，如果不超的话，按照当地的综合情况来算的话，肯定会赔本。因而超载的话，当地的人觉得非常平常，所以这个过程中形成的“制度”它就是一种原生态的。我想到这样的一个问题，我们现在的这种政策出现了非常奇怪的现象，原来的科学下的理性主义者与自由主义者，现在总是说制度不完善，这个制度有问题，好像说的是制度一旦改善事情就会得到解决，我们没有尊重人权，等等；而原来的道德主义者，都成了实用主义者，都知道了国情是怎么回事。要为我们的国情证明，就要把这个制度文化，我们要做的就是先把这些东西搁置起来，因为遥不可及。还是谈谈非常具体的社会格局吧，而且这个格局就一直在我们面前，在作这个判断或者食物链的时候,事实就是这样的。关于“红丝带”,一个直接的感受就是淡化了,艾滋病人发现吃了国家的药之后也挺好的没有什么事儿了,但是一定要明白这种淡化不是说不歧视了,而是这些艾滋病人自身的一种忽略,且不论这种忽略是无意的还是刻意的,但这种对艾滋病的恐惧的淡化会影响“生意”——“要债”,增加风险,不利于利益的分配,这个就是很荒诞的感觉。所以,在这里我其实想把人类学研究他者的结构融入自身的意识形态中。特别是做田野研究的,恰恰需要这种态度——分析的时候审视我们已经太熟悉太不易察觉的意识形态和文化习惯。这就是我想说的这两种不同的制度——一种是政策性的、成文的,另一种类似于原生态的。

关于今天的这个讲述,很多东西我是写了一个大的提纲之后才开始粗略地分析。我发现马克思的阶级理论在这里应用得比较困难,而他关于意识形态的说法在这儿就可以解释了。回到“兑现”,其实这个是个很好的概念。按韦伯的观点来讲的话,这个社会里面大家都想要权力、声望、财富,这三种东西是非常容易互换的。如果把我们的研究限定在干活、生产、消费,实际上你看到的是单方面对象。出于方法的考虑,我们先做这个限定。18、19 世纪的经典的学说,包括市场、自由主义、康德主义、科学、哲学,这些都不仅仅是科学,而是具有创世纪的学说。这些理论已经进入我们的意识形态中了,对我们后来的发展影响是相当大的。

接下来谈谈国情。在我们的国情制度生态里面,会不会或者说能不能认识到资本的力量,这和这个国家里面的人的生活有很大关系。其实,回顾历史,我们党这个先锋队思想觉悟是很高的,最终为了解放全人类。自由是最高的境界。人一半是畜生,一半是人。自由的那部分才是人,必然的那部分是畜生。我们在中国,搞活了的中国特色的社会主义市场经济到底是怎么样的?任何市场里面都不能缺失的是资本,说得通俗一点,市场经济里面,虚的东西最实在,但实在的东西靠不住,资和产只有变成本的时候才能把它变活,只有这样你才不操心,不干活,最终还会有钱。那个站长,他把他的政治权利兑现了,他有车有房。我们已经习惯了社会学范畴,城市农村、政治经济……我们分析国情的时候依然这样就不太好了。在这里面,你会发现一些“草根”代表,所谓的见过世面,他们特别擅长空手套白狼。这个村子里面就有个人,资产阶级觉悟非常高,他说钱不是用来买东西的,是用来流动用的。比如他从银行贷款，把另外一个村子里面的肥地搞到手，然后开始盖房子，拿人家的钱卖房子赚到了一大笔，然后认为这才是一种境界；再比如，有个老板要不了一块地，他出手然后事情解决了，之后给他一块地，他不要，立马转手又是一笔钱。那你说他和北京搞房地产的有什么区别呢？和苍蝇老虎有什么区别呢？但是同时他作为一个草根阶级的代表，他又能把资产阶级自由市场的那套东西说得非常顺溜。对于他而言，他不需要熟知各种经济学、行为学等各种理论，但他认为他是真正把"资本"搞"活"了。但现在社会中很多人，成为"房奴""车奴"等，说白了成了"财奴"。这样的话，从顶层设计看，我们的经济被搞活了，大家变得异常的勤奋，为了房子车子，但说到底，国家搞"活"了，人搞"死"了，而且越来越多不死不活、"干活"停不下来的人。所以这一点是很值得反思的。

评议与讨论

潘蛟：谢谢邵京老师跟我们的分享，非常精彩。同时他自己也承认这个是比较粗略的，整个过程，我听下来，一个主线就是，要我们警惕，我们在解释一个事情的时候不要忘了自己的文化的理解，但也不能只沉迷在自己的既有的框架中。（呵呵）在这个讲演中，我发现他有这种努力，试图跳出来。提出的问题比较复杂抽象，诸如艾滋病如何变成资本、权力？贫穷如何变成一种资本？这个里面，我个人理解，是和尼采、福柯的权力观类似的。在一定情况下，才会有这种转化的。无论是生计的，还是生态的，人们对艾滋病的理解的变化；再比如，包括买车，付款又不知道这个款付给谁，艾滋病人在村子里面设立收费站等，我想的是能不能用世界体系论解释这个问题。最后是一个什么样的答案，好像还是有空手套白狼这样的一个感受。

我记得以前有人问过我，有些人天天谈跨国资本如何如何，其实跨国资本是什么呢？他最后提到是很多美国人的养老金。这个就很有意思了。可能确实是重新想象理解世界、理解材料的维度，这是我的一个感觉。你谈到这条公路经常出现人命，谁轧死的也不知道，尸体放在公路边所有路过的重卡司机都要交钱。然后谈到了沙子、车、银行、放贷、还款，那么我的疑问就是沙子或者石头拉到哪儿去了？我是比较担心，如果每天都这样有货可拉还是好的,如果没有东西可以拉了,那这些人可能更惨。先不谈其中的腐败与否,而是说不让超载,照这个数据计算,这些人生计就没法解决了。

邵京:这样讲吧,我们都知道馒头是面粉做的。我去现场看过,大家都知道沙子的初始地方就是河床。但是沙子刚挖出来的时候是十几块钱一吨,卖出去的时候七十多,中间的这个差价就是一种利益分配。对于把它开采出来的人而言是付出了成本的,并不是所有的人都能挖沙子,这其中涉及很多专业性问题这里我们就不深入探究了。但是我们可以看到,这体现的不仅是一个食物链、生态链,也是一个产业链,终端就是买房子的人。但是这些四线五线的房地产能够支持到什么地方,很难讲。直白点来说,我们住的房子最终都是从河床里面挖出来的。一旦卖不出去了,欠债的就是一环套一环。对于这个村子来说,也被套住了,还是没有活干,但是到处都是废弃的大型的卡车,最贫穷最落后的地方感觉像美国的乡下,视觉的冲击力是很强的,感觉也是非常荒诞的。开发房地产本不应该这么快地蔓延到四线五线城市,其实带来了很多问题。

我们可以发现在一个新的政治政策已经形成并与原来的政策交叉的时候,往往会产生的一些问题,从一个场合可以看到的东西在另一个场合也可以看到。那么对于学者来说,做经验研究的时候必须得抓到具体的事情分析,否则最终分析一大段,成为一个意见领袖。虽然大家都觉得自己很道德,发表各种东西,但我们现在需要老老实实地做研究,并且知道自己是一个会出错的经验研究者。

学生提问:邵老师好,我想问您的这个研究对象都是艾滋病人?您认为卡车经济的突发性与这个村的艾滋病人有直接关系吗?

邵京:就刚才的片段里面,第一个故事里的那个司机是个艾滋病人;第二个故事那个小男孩,他母亲去世,父亲也是艾滋病;第三个故事他儿子是。我自己的一个直觉是,如果这个地方没有艾滋病,这些人还是会买车的;但现在一个事实是,如果是个病人,把无病人的账号挂到病人的名下,可以利用病人的权利来降低费用,然后这个减少的费用再进行划分。好像出现了一个权力主体的互换这样的一种怪异的现象。

学生提问:邵老师好,我之前有做过相关的研究,是从族群性探讨的。您认为这些艾滋病人之间血缘关系亲密吗?

邵京:我是这样感觉的,他们之间肯定是有血缘的关系或者说凝聚力存在。只是现行政策和他们之间特殊的互动产生了现在这样一个格局,参与这个互动的人心里是非常清楚地知道自己的境地。

潘蛟:对于这个问题,我来简单地说几句。艾滋病感染者也是一个身份,像你所说的确实是受害者,绝对是边缘化,这是毋庸置疑的。但是邵京老师在这儿谈的可能是一种带有颠覆性的,当病人成为一种资本权力的时候,我们怎么去界定需要帮助和同情的人?这样来讨论的话,连需要帮助的人都是很模糊的。就是说我们不否认艾滋病人需要我们同情,当然在某种程度上也是出于安全考虑,因为这是个公共安全的问题。但是在这个过程中你发现这个病本身也被利用了,就连地方政府也利用了,那么可以看到权力不完全是自上而下的,这其实涉及福柯最难的一个问题,就是到最后所有问题都化解了。所谓的"我们总是被附加给我们生命的意义所束缚"之类的。我没有批评你(邵京)的意思,但这个问题确实也是存在的。

邵京:当然当然,我绝对没有谴责的意思,我也知道你所说的问题。绝对没有说的可怜之人必有可恨之处。我想要强调的是,一件事情原因没有想象得这么简单,即使是一件看似非常普通的事情,做田野研究的无论专家还是学者应该有这种敏锐度。我试图表达的是有阶级觉悟的就玩转了,比较迟钝的人就吃亏了。我也一再强调这只是个粗略的构思,还有待完善。

(石娲整理)

排他与兼容：当代蒙陕交界处敖包祭祀

主讲人：乌恩（内蒙古社会主义学院副院长，教授）

主持人：潘蛟（中央民族大学民族学与社会学学院教授）

评议人：张海洋（中央民族大学民族学与社会学学院教授）

首先感谢潘蛟教授的盛情邀请，使我有机会再次来到民大这个我曾经生活的地方和同学们一起进行学术的交流。我想今天就陕西境内金肯敖包这样的一个文化现象和同学们进行一个交流。如果我们哪位同学来自边疆地区，会不会有这样的一个感受，我们经常的套话就是现在我们已经进入了一个全球化、信息化这样的时代，事实上，我们的少数民族文化面临严峻的形式，少数民族文化的传承和发展在这样的一个背景下如何实现，对任何一个民族来说都是一个值得思考的问题。对于民族学一些东西我不太了解，我想下面在座的各位同学应该比我有更强的责任感、使命感。就目前情况而言，我们的国家，各个地方的党委政府，包括各个民族成员，大家都在为少数民族地区传统文化的传承发展有几分担忧、忧虑，封闭能够使一种文化得到保护，但封闭往往和落后画等号，应该讲，是处在一个劣势的这么的一个状态。那么我之所以选择这个话题源于 2009 年我曾经在内蒙古地区就敖包做过一个调研，走在著名的金肯敖包，我发现了奇异的现象，那就是既存在文化排他的差异又出现了兼容的趋势。在这种非外力因素的影响下，蒙汉民族间的交流，我个人认为是一个奇特的现象，今天我想把这个话题展开来和同学们进行一个简单的交流。

首先，对蒙古族敖包进行一个简单的介绍。一首《敖包相会》这首歌唱遍了全国各地，但是怎么认识敖包？敖包蕴含着什么文化？不做专门研究的人是不了解的。我自己做的这个 PPT，做得不太好，大家见谅。想跟同学们就敖包祭祀的起源的形成跟同学们进行一个简单的交流，关于这个存在不同的说法，没有统一的观点。有的说起源于祖先坟墓，有的说是英雄坟墓,有的说是祭天的场所,或者是祭龙王的场所,等等。但是在文献当中,比如《蒙古秘史》及其他的汉文史料《世界征服者史》等,我们都没见过敖包的概念。一直到明代,我们在史料里面还是见不到敖包的记录,那么究竟起源于何时呢?很多学者都是泛泛地讲,说成吉思汗时代。但实际上,清代开始敖包这个词汇频繁地出现,什么样的原因有了这样一种现象呢?可以肯定的一点是,敖包祭祀文化里面蕴含着大量的原始萨满教——蒙古族原始传统古老宗教的颜色。我们可以从以下几点得到证实。比如姓氏的概念,有些学者认为敖包祭祀,如果是同一个敖包就是同一个血缘的人群,大概有这样的一个联系,民大教授金刚教授提出了这样的一个观点,但是在我和语言学家交流的过程中,又发现词根词源联系性不是必然的,是否有某种渊源关系留一个话题值得思考。关于敖包,上面通常会有很多树枝和树干,关于这个问题解释很多,大部分人理解为装饰,其实不是的,这是古老萨满教通天树的概念,在敖包内部竖立一棵白桦树,从蒙古包的天窗通出去,并且系上红绸子。白桦树在萨满教中意味着能够通天,减掉红绸子代表减掉脐带,通天树这个观念很古老。最后一个是敖包文化有着浓浓的生殖文化的概念。我们的学者简单化认为敖包就是一个“堆子”,我个人认为不是很准确。

敖包祭祀当中当祭祀家族敖包的时候,这个家族不孕者要去祭祀自己家族的敖包,不能是别人家族的敖包。蒙古族地区仅存的妇女敖包,这个祭祀的整个过程就是模仿生殖过程。祭祀的这些女性们都要做出整个生殖过程的演绎。那么结合这些元素,敖包的起源和蒙古族最古老的文化有着因果联系,都是起源很早,那为什么《蒙古秘史》这种著名的著作中不出现“敖包”这个词汇呢?甚至敖包里面蕴含的文化元素是在蒙古族从森林转向草原这个过程中凝聚的,某种程度上代表蒙古民族在游牧时代的寺庙,也就是众神的祭坛。这里有一个要讲,对于他们来说,人,敬天敬神都罢了,但是首先要敬自己的母亲。

其次,关于敖包的类型,可以从不同角度来讲。比如敖包的归属角度分类;社会血缘关系角度像氏族敖包、家族敖包;地位角度来讲,王公贵族的敖包、女性敖包、儿童敖包、盗马贼敖包等,林林总总。大家知道儿童敖包是干什么的吗?北方民族进入中原的时候,有一种很厉害的病——天花病,儿童敖包就是蒙古族的儿童为了预防天花求神的地方,科尔沁东部和西部地区的叫法不一样。13 岁之前,一个小孩父母亲为了预防天花会带他们来到这个敖包里面进行求神。已婚的妇女是不能进入敖包的,妇女敖包专供已婚妇女祭祀,并不普遍,但是敖包祭祀作为一个蒙古族全社会共同的活动,通常会在大型敖包附近附带一个为女性专门祭祀的小敖包。从敖包用材的角度,基本上因地制宜,大多数敖包都是用石块堆起来的,如果没有石块就用树枝的木条木材,或者土堆起来,也就是说敖包这种东西建造的时候就地取材的多。改革开放以来敖包祭祀和建筑业的发展是同步的,比如用水泥、砖块,有的还会在外面贴上瓷砖,特别花哨的敖包,这是现代的敖包。还有一种差别,从结构角度来区分,主要说敖包到底有多少塚,一般而言奇数的多,偶数的少。据说个别地方有 14 堆的敖包,绝大多数都是奇数的敖包,13 这样的敖包在蒙古族地区非常常见,更多的是堆子的数目都在 13 以下,但也有例外,比如 49、140,据统计说,东北地区有一个是 200 多个。有学者认为等级和敖包的堆数有关,据我的观察我认为关系不是很大。以上就是我们所说的归属、用材、堆数三个角度进行的分类。

那么敖包的装饰,常见的中间有一棵树,同时从敖包顶部拉下来一条条的线条,挂满各种布条。这应该和蒙古族信仰佛教有很大关系,内容大概就是祈祷信佛的话语,包括对敌对势力的咒语。为什么多用奇数?我认为是和萨满教的宇宙观有密切联系的。重要的事物通常都喜欢用奇数表示,比如 3“天地人或者天地祖先”,9 代表“圆满”,7 代表“北斗七星”,那 13 这个数字我到现在也没有搞明白,在蒙古秘史里面 13 经常出现,我查了查,也没搞明白。希望同学们有兴趣的进一步研究。

第三个小问题,谈谈蒙古族的敖包祭祀。在时间上应该大部分地区在农历五月十三,但不同地方并不统一。从农历五月十三开始一直到七月十五、十六中间这个阶段都会进行祭祀,那么祭祀是为什么?从民间的调查情况,说法多样。归纳来看,祈求幸福,求收成丰收,希望神能镇压自己的敌对方。那么祭祀的方式在蒙古族信仰佛教之前,我们从片段的记录来看,似乎敖包用血祭的方式,比如杀生,信仰佛教之后是煮熟的整只羊、酒、糕点,还有一些食物。祭祀之后就是娱神,耳熟能详的概念是那达慕。但“那达慕”这个词不是很早,可能是新中国成立以后才统计来的一个概念。意思就是娱神的活动，传统的骑马摔跤射箭，祭祀的时间不同。王公贵族的敖包祭祀一般是35天，普通百姓也就是1天，现在给大家看一段我们在进行调研的时候录的一些视频，帮助大家了解。

刚刚的这个视频是2010年我在正镶白旗境内拍摄的，但这个是镶黄旗，以牛群来祭祀的。一般是用羊群、牛群、马群来祭祀，这个是镶黄旗以牛群来祭祀自己的敖包。祭祀的主持人和喇嘛们进行布置，大部分地区敖包祭祀中喇嘛们发挥了重要的作用。每当喇嘛们念叨神要降临福音了，所有的人挥舞着手说降给我们吧。我们也可以看到唯一能看到的女性之友就是两位三四岁的小女孩，也应和了前面所说的妇女是不上敖包的。严格意义来说作为氏族敖包，他们对我的到来是不感兴趣的，后来说是旗领导派来的他们也就不吭声了。可以看到喇嘛念完经之后，有一个净水瓶，大家每个手上都要接触一点水，擦在自己的脸上或手上，表示今年一年没病没灾，平平安安。进行了这些仪式之后，大家开始装敖包，就是把面捏的类似神鬼像的一些东西在念完经之后放在火里面烧掉，之后马群、牛群或者羊群要绕着敖包转三圈。最后就是祭祀当中，很重要的一个内容，分食物，无论多少，人人都有份儿。这就是敖包传统祭祀方式，大家有一个简单的了解。想跟大家谈谈敖包功能和它的文化特性。

敖包的祭祀主要的目的还是在祈祷风调雨顺，收成丰收，平平安安。我刚才讲，敖包是蒙古民族在游牧时代的寺庙，最早的敖包会有多种不同的起源，但是事实上真正的敖包可以理解为游牧社会的寺庙。在佛教传来之前，敖包就是发挥这样一个作用。祭祀敖包能够实现他们的诉求和追求，我想大概是宗教功能。今天我想表述的主要是敖包的社会功能。在游牧社会，敖包发挥的主要功能是增强群体的认同。同一个敖包的祭祀者通过祭祀认识到相互之间的责任和关系，每年一次的敖包祭祀就完成着这些增强彼此认同感、归属感、责任感、使命感等祭祀任务。因而，我认为主要就是宗教功能和社会功能。

说到敖包文化的特性，最突出最典型的特性就是排他性。按我的研究，敖包的发展大体上经历了三个阶段，第一个是血缘群体的祭祀阶段，祭祀同一个敖包的就是同一个氏族成员，最早的敖包祭祀就是这样的一个形态；其后就是血缘类和地缘类并行的阶段，第三个就是刚才两个并行之间又加入了一个特征是佛教文化融入的阶段。从今天来讲,镶黄旗牛群就是一个氏族类敖包,血源性比较强。有的不讲血缘,是一种行政行为,佛教传入之后对蒙古族的敖包祭祀进行了较大的改造,大家注意到了没有,这个镶黄旗的敖包中间有一个小的佛像,喇嘛在这里面发挥很重要的作用,杀生的习俗被取缔了,敖包里面融入了大量佛教的因素。那么今天我认为敖包文化可能要进入第四个阶段。话说回来,这三个阶段的敖包文化有一个本质特征就是排他性,本族的敖包不会让其他姓氏的人来祭祀,本旗的敖包不会让其他的人来祭祀这就是地缘上的排他性。世界发展到现在,无论是国际还是国内,我们的文化正面临着一个大的变异阶段,对于少数民族本身来说,敖包可能要进入第四个阶段。敖包能不能存在下去,以一种什么样的形式继续存在和发展下去,我认为某种程度上对于蒙古族来说是一种十分重要的文化符号。所以我想转入我们今天的一个主题,以蒙陕交界处金肯敖包看看蒙古族文化和汉族文化之间有一个什么样的变异,那么这种变异是代表未来趋势呢还是其他更复杂的问题?我想这个问题值得同学们去思考。

那咱们谈谈蒙陕地区金肯敖包的祭祀文化。首先,跟同学们交待一下金肯敖包所在的区位,这跟金肯敖包文化的交融、兼容是密切联系的。金肯敖包就是在今天陕西省榆林区境内,大家都知道明朝的长城通常是草原和农业地区的分界线。康熙朝有个规定,沿长城地带,向北三十里,向南五十里称之为禁地,亦即南边的农民不能耕种,北边的不能放牧。后来随着变迁有所突破,禁地的范围逐渐朝着长城压缩。北边的草原民族和南边的耕种民族都在向长城靠近,于是乎形成了现在的蒙陕边界线,榆林区的位置已经超越了长城不止五十里了。在这个变革当中,原来在草原上的敖包位于陕西的农业区了,那这种情况蒙古族的民众怎么对待传统的圣地呢?已经完全农业化的汉族又怎么对待蒙古族的圣地呢?很明显的存在文化的冲突问题,那两个民族的民众在自然的演化过程中又是怎么处理这种冲突的呢?据当地人介绍,小时候看到的金肯敖包是一个寺庙类型的建筑,这跟蒙古族的敖包是大不一样的。现在这个建筑是在80年代蒙古族老百姓和当地老百姓沟通之后搞成的这样一个建筑,展示民族文化的形式。跟同学们讲,多堆的敖包有多种排列方式,十字形、一字形,还有平衡式的。为什么要叫金肯敖包?究竟这个敖包的起源是什么?跟大家看到的牌匾有密切的关系——“成吉思汗的真正英雄的塚”。在当地老百姓的认知当中，历史上这是一个坟，老百姓讲的木华黎国王的坟墓，那么这个坟墓我问他们为什么叫敖包呢，这些老百姓说，过去他们秘密地知道这是坟墓，但是怕别人刨开坟墓，就叫成了现在的敖包。跟一般的敖包相比，前面多了一个亭台。那金肯敖包祭祀的群体有哪些人呢？一个是乌审旗的一个氏族，维吾尔真氏族，据他们自己解释，他们的氏族在 1223 年就承担了这个敖包祭祀的职责；第二部分是来自河南洛阳的李姓家族，自称有 5000 多人在河南，我们知道著名作家李准的家族，就是这个姓氏的一部分群体，这个群体从改革开放之后知道之后他们每年都要来到金肯敖包，他们是当做祭祖来祭祀的；第三个群体就是当地的晋陕汉族农民，据说“文化大革命”期间蒙古族的祭祀是中断的，而晋陕的农民没间断过，也就是说在当时艰苦的环境中晋陕农民一直没有间断过。那么就清晰了，三个群体——蒙古族因为是自己的氏族祭祀，承担的使命不能有丝毫懈怠，河南来的群体认为自己的祖坟，而山西来的农民是基本上把金肯敖包和关公联系起来的。

蒙古族的祭祀大体上主要是用黄油、奶油、鲜奶等，那么金肯敖包来源的位置祭祀群体我们已经有了了解，不同群体就金肯敖包的认识我也向大家作了一个简单的介绍。由于金肯敖包已经是在陕西境内了，牧民的祭祀都要经过长途跋涉。之前他们是走着去的，后来坐车去，但发生了两次翻车事故，他们认为祖先不允许坐车，现在骑着马或者走去。大家可以看到这里面一个非常虔诚的类似宗教信仰的东西在这里面。

最后想谈一个小问题，围绕着金肯敖包的祭祀出现的民族文化兼容的现象形成的原因。我想第一个原因首先是农牧分界线的靠近造成的。由于农牧分界线的北移，造成了大量的祭祀在农业化，而祭祀的对象很多是没有办法迁移的。所谓木华黎国王的墓不是能够轻易迁移的，所以这就直接促成了不同民族文化之间的交流。汉族农民都认可了这些圣物，蒙古族的祭祀又是不能割断的，所以两种文化就形成了兼容的格局。在这个过程当中，蒙古族的民众有一些无奈，对于汉族来说我认为很奇妙，需要下一步继续研究和关注这个问题。结果是两种文化在这个平台上融合了，萨满教的排他性在这个地方消失了。奇妙的结合，而且这种文化的结合是在一种自发的状态下形成的。

时间不多了，我谈谈一个简单的结论，从金肯敖包祭祀文化形成的判断，在各民族民间文化交融当中，民间的宗教往往可能会成为一个共识的点，而民族宗教文化排他性特征并不是一成不变的,尤其是在经济社会发展的今天,即使是在草原深处的敖包,由于旅游业的发展,妇女也已经能够进入敖包了,这在某种程度上弱化了排他性。但大家都对同一个事物的阐释融入了不同民族自己的民族文化。那么我想说,金肯敖包文化兼容这种现象,实际上很可能是民族文化一种新的兼容模式,至少表明各民族民间文化在自然的状态下是能够形成各美其美、美美与共的局面的。当然还有很多其他问题需要后续讨论,今天就到这里了。

评议与讨论

潘蛟:谢谢乌恩教授的演讲,就我个人而言学习到了很多,我自己上了一课,很多东西都是第一次接触,他给了一个历史的角度看到了一个敖包的变化,如何被地方化、佛教化等。在今天的这个变化当中,以金肯敖包为例,这是一个杂糅的现象,往哪里走该怎么走?在这里看到不同的民族添加不同的意义。那现在是这样一个问题,谁的知识是正确的?所以我的一个感受,今天的很多问题可能是民族学者自己造成的。我不是批判,我自己在想,所谓的知识的“求真”实际上未必就是真实的。我们知识分子可能会纠结这个到底是佛教还是道教的东西,但是当地人不这样认为,管什么教,都可以信。我觉得在这个事情上可能有一些问题,所谓的知识的求真还要好好思考一下,当地的知识、学者的知识、历史的记忆等,所谓的求真未必就是真。因为这个事情不断在变,有一些选择性的,这也不是一个问题,我这是一个共鸣吧。那现在给同学们提问的时间。张海洋教授有什么问题?

张海洋:我也没有问题,谈一些感想吧。老实说,你说的就是关于一个地方或者民族,专家、学者对历史的垄断。我的启示就是,主观的认识在一个有限的空间里面是可以安排好几个。但是现在我们的人脑子有点萎缩,认为只能装一个。比如姑爷和舅爷,认为二者只能选一个,那是现在这样的一个偏执;比如说民族和国家,没事在这个里面琢磨这个问题,我觉得有一点神经病。另外,我想给您说点我的经验,不知道会不会给您的这个故事增添点东西。就是晋陕这些地方的汉族人可能有一部分是汉化的蒙古族人,当然蒙古族人里边也有可能一部分是被蒙古化的汉族人,因为在这个农牧线迁移的过程当中肯定会有民族间的融合，造成了虽然他们各自被留在不同于他们原来的地方，但是他们的思想意识深处还是会保存一些原来的东西。

乌恩：历史上民族文化的交融并不是从现在才开始的，历史上中华文化我们说的有黄河文化、长江文化、草原文化。在南宋之前或者说近代之前左右中国历史还是黄河文化和草原文化，大量的草原民族不停地融入中原。我意思是民族的融合早就是有这种取向的。

学生提问：日本的学者也写了这方面的东西，他的观点没有从文化融合的角度看，而是从冲突看，而老师目前讲的是兼容的角度。所以我想您刚才说的金肯敖包处有内蒙古人接待处，这些东西是蒙古族人自己主动争取的，还是地方政府自发的设置的，还是两族人民谈判形成的？

乌恩：很惭愧，您说的日本学者写的这个东西我没看到过。可以这样理解吧，不同的民族看待的问题角度不一样。金肯敖包的冲突肯定是存在的。特别是在这样一个夹杂着民族文化的现象中，矛盾和冲突都是有的。但他们都认可这样的一种神圣性是存在的，而且在方式上他们有自己的一套认识，从自己需要的角度来阐释。但整个大的趋势我认为是兼容的。

学生提问：您说的兼容性问题，无论是排他性、差异性还是兼容性，总会有一个立场的问题，自我的立场。蒙古族和汉族有各自的立场，所以谁兼容谁，立场的问题和兼容性的问题我认为有点冲突。所以在讨论兼容的时候应该反思立场这个问题吗？

张海洋：你认为世界必须要有一个清楚的明确的知识，但就像我所说的那样，从福柯的角度来看，知识并没有唯一的“真”，那么这个秩序怎么建立呢？这就好比一家人的闺女将来总要当媳妇，现在可能更多地强调媳妇这方面，但并不代表闺女一生下来就是媳妇，没有闺女这个说法了。你谈的谁兼容谁的问题就是这样一个类似的性质。你说汉族和少数民族、台湾和大陆、美国和中国，谁兼容谁？所以你必须得承认两面，福柯都讨论过。没有必要也不能非要抓住其中的一面，福柯后现代性的一些东西还是很有启发性的。

学生提问：您刚才谈到的蒙古族地区旅游业的发展使女性开始进入敖包祭祀，可不可以理解传统文化被破坏了？

乌恩：任何一种文化的功能都有时代性，任何一种文化想要延续必须得生存下去。如果旅游业带来了利益,这种利益大于传统文化产生的效益,我们文人可能去讨论中间的一些文化、宗教、知识类的问题,那么从老百姓角度来讲肯定要选择利益。对于传统文化,特定的时代可能有积极的功能,特定的时代可能就具有阻碍性了,那么今天这种积极性体现在哪里呢?所以说具有时代性,不是一成不变的。

(石娲整理)